# ティーガー戦車 戦場写真集

German Tiger Tank In Action of World War II

広田厚司

光人社

ティーガー戦車　戦場写真集——**目次**

We acknowledge with thanks the help of the following persons and institutions:
Photographs
IWM, London, England
Royal Tank Museum, Bovington Camp, Dorset, England
National Archives, Washington D.C., U.S.A.
Smithonian Istitution, Washington D.C., U.S.A.
Jeff Pavey, Boston SPA, England
Ken Roberts, New York, N.Y., U.S.A.
Ron Murray, London, England
And Author

# ティーガー戦車　戦場写真集

# チュニジアの戦場

ティーガーが２番目に投入された戦場は北アフリカのチュニジアである。501重戦車大隊１と２中隊は1942年11月から翌43年１月までにティーガー1Ｅ20両と近接支援用の３号N型（短砲身75ミリ砲搭載）25両で編成された。写真は「142」号車。

501重戦車大隊１中隊のティーガー1E11両は1943年２月14日のシジ・ドゥ・ジトの米第１機甲連隊を攻撃する「フューリングスヴィント＝春風作戦」に第10、第20戦車師団とともに参加して44両のM4シャーマンを撃破するが、うち15両はティーガーの戦果だった。

501重戦車大隊軽戦車小隊（10両で編成）の３号N型戦車に擲弾兵が随伴するが右前方にティーガーが見える。同大隊は北アフリカ・チュニジアで独・伊アフリカ装甲軍が壊滅する1943年５月１日まで激戦を行ない同５月13日に残存部隊は降伏した。

この２枚の写真はチュニスまで20キロほどの地点に差し掛かった501重戦車大隊1中隊のティーガー「112」号車である。1943年12月の時点で３両のティーガーと４両の３号戦車が戦闘準備を完了した。ティーガー後部左右に設置された２個一組となった塵埃除去装置ファイフェルに注意。

灌木に見せかけてカモフラージュされた501重戦車大隊１中隊のティーガーでチュニジア戦初期の撮影。当初、フォン・ノルデ大尉が指揮するが負傷してヴェルメーレン少尉に変わり、11月末にリューダー少佐が着任して「リューダー戦闘団」を編成して戦う。

1943年２月の米第１機甲連隊との戦闘で勝利しM3ハーフトラックを捕獲した501重戦車大隊「リューダー戦闘団」のティーガー。極初期型ティーガーだったのでエンジンの過熱、過給器、変速器、操縦装置、履帯など多くの故障がベルリンへ報告された。

1943年２月にランク戦闘団に配備されて「オクセンコプフ＝雄牛の頭」作戦に加わった。１中隊は第10戦車師団７戦車連隊３大隊７中隊に、２中隊は８中隊へと変わった。そのため、旧「213」は「813」号車となった。なお、本車のファイフェル塵埃除去装置は損傷している。

1943年２月、第10戦車師団第３大隊第７中隊の「732号車＝旧132」である。501重戦車大隊の２個中隊はチュニジアでの6ヵ月の戦闘で150両以上の英米戦車を撃破したが、大隊の損害は20両中７両で大半が自爆である。

この２枚の写真は第10戦車師団に配備された501重戦車大隊７戦車連隊３大隊のティーガーで、1943年２月26日に行なわれたドイツ軍最後の攻勢「オクセンコプフ作戦」前後の撮影である。この作戦は米軍の補給線切断が目的だったが戦力不足のために失敗し、歩兵の援護に当たったティーガーは対戦車砲弾を浴びた。

上）出撃待機中の501重戦車大隊1中隊の「122」号車。そして、下）同じ場所でMP38/40短機関銃を持つ擲弾兵と行動を共にする「132」号車で両車の砲塔側面に３連装Nbk39発煙弾発射筒が見える。この両車はチュニジ戦末期の1943年４月中旬まで生き残っていた。1943年３月９日にロンメル元帥が病気で本国に帰る直前の３月１日の可動数は１両になっていた。

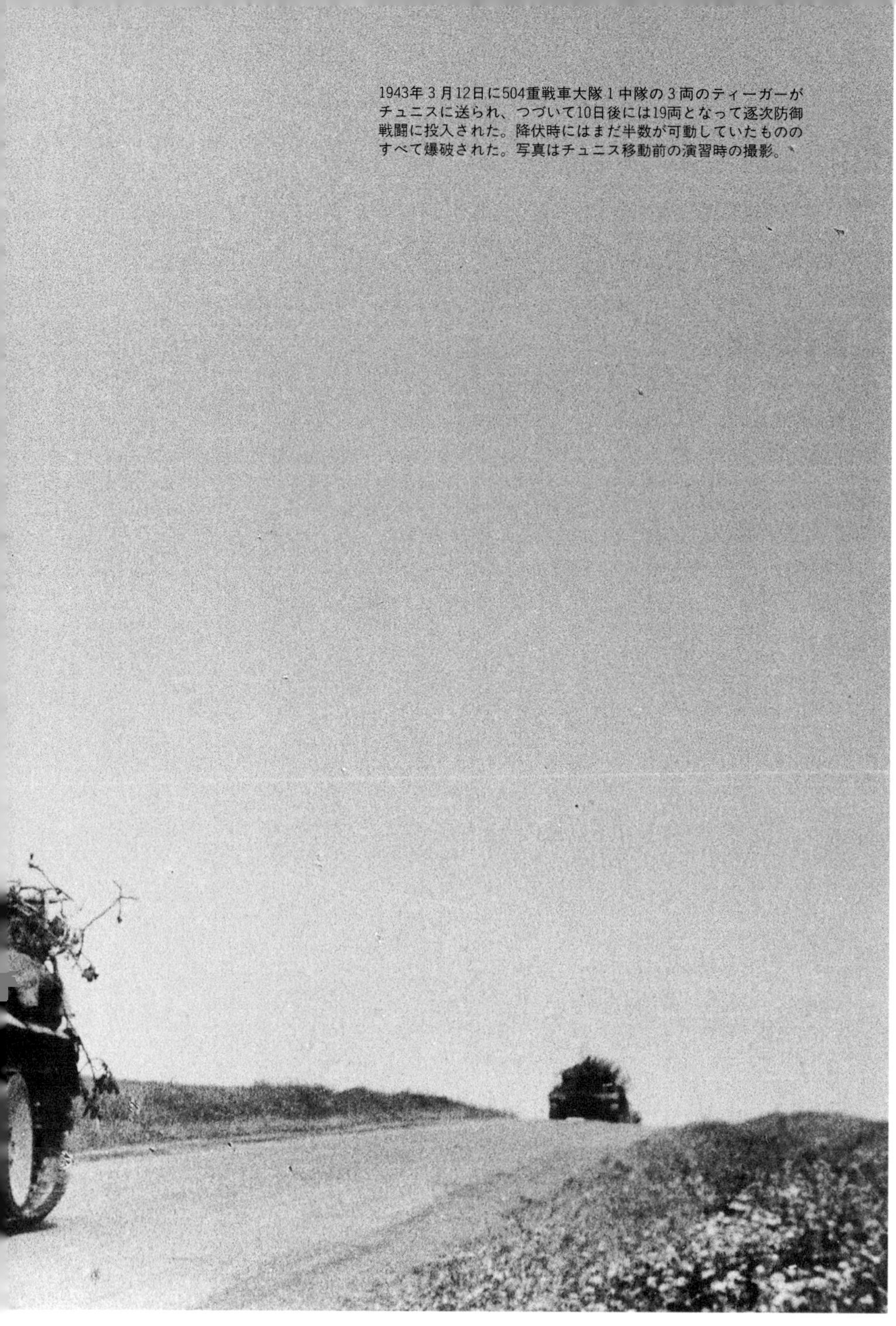

1943年３月12日に504重戦車大隊１中隊の３両のティーガーがチュニスに送られ、つづいて10日後には19両となって逐次防御戦闘に投入された。降伏時にはまだ半数が可動していたもののすべて爆破された。写真はチュニス移動前の演習時の撮影。

504重戦車大隊１中隊のティーガーで車長は中隊長のロスヒルト大尉。大隊長のザイデンシュテッカー少佐は降伏17日前の1943年４月20日から24日までの４日間の最終戦闘で75両以上の連合軍戦車を撃破したと1943年４月25日に報告している。

504重戦車大隊１中隊のティーガーで中央砲塔上に立つのは中隊長ロスヒルト大尉。このとき第２中隊はチュニスに渡らずシシリー島に残って1943年夏の連合軍の上陸阻止戦闘に従事する。なお、同大隊は北アフリカ戦で150両以上の戦車を撃破している。

1943年４月19日、504重戦車大隊１中隊のヴィット中尉と僚車（３小隊車）でデジェベル・ジャファを攻撃したが、僚車「131」号車が２発の命中弾（致命傷ではない）を受けて乗員が脱出し英軍に捕獲された。右方をチャーチル戦車が行く。

英軍に捕獲された「131」号車。折からアルジェリアのアイゼンハワー将軍を訪問したチャーチル首相（中央ヘルメット姿）がドイツの新兵器を視察にやってきた。車体後部に立つ筒は河川渡渉時（４メートル能力）に用いる吸気管である。

# シシリー島／イタリアの戦場

チュニジアへ派遣予定だった504重戦車大隊２中隊は、1943年夏の英米軍のシシリー島上陸直前に空軍野戦部隊のヘルマン・ゲーリング戦車師団（HG）に配備された。写真はシシリー島南部のエトナ山（Etna）付近の戦闘で英第８軍に撃破された同大隊２中隊のティーガー。HG師団戦車連隊の戦車回収と修理能力は低く損傷ティーガーの多くは爆破処分された。

同じく1943年８月にエトナ山付近ピサノの戦闘で爆破処分された504重戦車大隊2中隊のティーガーで英軍が損傷情況を調査している。その後、504重戦車大隊は1943年末〜44年４月にかけて再編成されイタリア本土防衛戦に投入された。

エトナ山麓の灌木の中で自爆した504重戦車大隊2中隊のティーガーで1943年８月16日に英軍のドレンナン軍曹が撮影した一枚。独特の灌木が多く地形もまた重戦車の戦闘に適していなかったことがわかる。

シシリー島シラクサ湾に上陸した英第８軍をカルタジローネで迎撃した、HG師団HG戦車連隊所属（504重戦車大隊２中隊）の自爆ティーガーを、英将校と地元のイタリア人が調査している。２中隊は17両のティーガーを戦闘に投入するが山地の多い地形はまったく適せず、最終的に１両がイタリア本土に撤退したのみだった。

1943年７月末にインスブルックからイタリア領へ入るためにブレンナー峠（Brenner）で休息する８両を装備したマイヤー戦闘団（指揮官マイヤー中尉）のティーガー。1944年１月にアンチオ上陸軍を攻撃したのちの３月に508重戦車大隊と合併された。

504重戦車大隊１、２中隊はチュニスとシリシー島で壊滅し、1944年２月にティーガー45両で再編成され44年６月～45年４月末にイタリア戦線で最後の１両を失って５月３日に米軍に降伏する。写真は1944年７月、イタリア北部地中海沿岸チェチナ（Cecina）で自爆した同大隊のティーガー。

ドイツ軍は1944年９月、イタリア北部でゴチックラインを敷いて英第８軍に抵抗した。２葉の写真は９月14日、アドリア海沿岸リミニ付近（Rimini＝マラノ川北方）の路上で急坂を滑落した504重戦車大隊3中隊（先頭車は312号車）車で両車ともに回収不能で爆破処分された。

508重戦車大隊は幾つかの部隊を纏めて1943年８月にティーガー45両を供給して編成された。1944年２月にイタリアのアンチオ戦線に参加するが、45年２月に残存15両を504重戦車大隊に譲渡して本国に戻る。写真は同年２月にローマへ入った同大隊の車両。

上）1944年２月初旬、508重戦車大隊２中隊のティーガーがローマへ急行する。下）市内に入った同中隊の車両。彼らは同年２月末にドイツ軍の背後を突こうとアンチオへ上陸した英米軍阻止のために投入される。しかし、これらの重戦車はイタリアの曲折する山岳地の長行軍で50パーセントも機械不調による故障車を出した。

508重戦車大隊2中隊は1944年2月中旬、アンチオ上陸軍阻止のために戦場に投入された。写真はアンチオ海岸の北方15キロにある南アプリリア（Aprilia）へ向かう2中隊車だが、英米軍の痛烈な砲撃を受けて数両が破壊される。

508重戦車大隊2中隊の車両でアンチオ海岸上陸軍阻止のために橋頭堡に向かう。前月（3月）にマイヤー戦闘団（シュベブバッハ・ティーガー戦闘団）の8両のティーガーが吸収されたほか、損害にもかかわらず保有数は新規受領もあり43両と十分な戦力となった。

この３枚の写真はアンチオ上陸軍を迎撃した508重戦車大隊２中隊の車両で戦闘前に地雷を踏んで損傷した履帯の修理を行なっている。右上）戦車の前方をジャッキアップして転輪を外す。右下）右方に外されたトーション・バー・サスペンションが見える。左）やっと履帯を巻き込む作業にかかる。

1944年７月、フィレンツェ付近のポッジボンシ（Ponggibonsi）で休息する508重戦車大隊２中隊の車両だが戦闘爆撃機の跳梁は悩みの種だった。このあと９月に中隊は車両を３中隊に移管してドイツ本国へ再装備のために戻り２中隊のイタリア戦は終了した。

上）1944年７月にイタリア戦線ローマ近郊モンテ・ロトンド（Monte Rotonndo）付近で、第２降下猟兵師団第６連隊の戦線へ送られる501重戦車大隊２中隊のティーガーである。下）こちらは同じ場所だが同年９月に北方のアペニン山脈の入りロフィレンツェ方面へ向かう同大隊１中隊のティーガーである。

イタリア戦線における508重戦車大隊のティーガー（右）と無傷で捕獲された米M4シャーマン中戦車であるが、サイズと全高姿勢の比較が興味深い。M4の乗員はティーガーについて高初速砲と良い照準具による遠距離射撃能力と幅広履帯の走破性が優れていたと述べている。

1944年６月、ローマ北西部ブラッチアーノ湖（Bricciano）方面で機動不能となった508重戦車大隊３中隊のティーガーで18トン牽引車により回収が試みられている。戦闘重量54トンのティーガーの牽引は18トン牽引車２両を必要とした。

1944年９月、フィレンツ周辺の戦闘移動中に放棄された508重戦車大隊３中隊のティーガーでニュージーランド軍に捕獲された。同大隊はイタリア戦でティーガー77両を投入するが、自爆が大半の60パーセントを占め戦闘による喪失は30パーセントとしている。

イタリア最終戦の1945年１月にボローニャ近郊マサ・ロンバルダ（Massa Lombarda＝ルーゴとマサ・ロンバルダ道路上）で英第８軍ニュージーランド部隊のPIAT（ロケット砲）に撃破された508重戦車大隊の残存車両。

# 西部の戦場(国防軍)

戦場へ急ぐティーガー戦車中隊は米偵察機に発見された。1944年6月に連合軍がノルマンディ海岸に上陸してドイツ軍の反撃が行なわれた。同年6月～8月期に投入されたティーガー1Eと2Bは、戦車教導師団、503重戦車大隊、SS101とSS102重戦車大隊の154両だった。その後、506、507重戦車大隊が加わった。

米軍機が撮影したノルマンディ戦屈指の激戦地サン・ロー（St. Lo）におけるティーガー戦車群。上空から見たノルマンディ地方はボカージュ（灌木）が多く戦車が視界を遮られるという独特の地形だったことがよくわかる。

1943年５月以降にティーガー2Bを加えて再編された503重戦車大隊３中隊のティーガー1Eで、フランスの大訓練地メイイル・ル・カン（Maylly Le Camp）での訓練風景である。この大隊は東部戦線でも戦い全期間で1500両以上の戦車を撃破したと記録される。

1944年７月に503重戦車大隊３中隊はティーガー2Bを装備してフランスの訓練地メイイル・ル・カン（パリ東方137キロ）で訓練中の写真だが、８月の戦闘で壊滅状態となって再々編成されることになる。上）50両だけ生産されたポルシェ砲塔搭載型で手前は「323」号車で奥は「324」号車。下）写真手前に生産51両以降に搭載されたシンプル形状のヘンシェル砲塔搭載型も見える。

この連続写真はノルマンディ戦時に撤退する503重戦車大隊２中隊の残存車両（213号車）でセーヌ川の手前ルーアン付近ブールテルールドで撮影されたもの。連合軍の巨大な航空作戦によってドイツ軍の反撃前にティーガー部隊の多くは壊滅した。

上）ノルマンディ戦中の503重戦車大隊１中隊（12両配備）のティーガー2B（ポルシェ型砲塔搭載）で、昼間は猛威を振るう連合軍の戦闘爆撃機を避けて樹間に隠れて夜間に移動した。下）114号車が右に見え英軍捕虜が乗員用の食料を運んでいる。

カーン（Caen）付近のモン・バンソン丘陵で破壊された503重戦車大隊３中隊のティーガー2Bを英空挺隊員が調べている。この戦車は50両生産された曲線で構成される初期のポルシェ砲塔を搭載している。

ノルマンディ戦における503重戦車大隊３中隊のティーガー2B。この戦車大隊は1942年11月から45年９月までに合計241両のティーガー1Eと2B（69両）を受領して東部戦線―西部戦線―東部戦線と激戦を重ね独立重戦車大隊中最高の戦果を挙げた。

503重戦車大隊はノルマンディから北フランス戦で装備を失い1944年9月にティーガー2B45両により再編成された。この3枚の連続写真はドイツ本国デュセルドルフ東方17キロにあるバーダーボルン（Baderborn）訓練地の同大隊3中隊のティーガー2Bを宣伝用に撮影したものである。同年10月に大隊はハンガリーのブタペスト（東部戦線の503重戦車大隊参照）へ送られたのち大戦終了まで東部戦線で戦うこととなる。

この４枚の写真は1944年7月に北フランスにおける503重戦車大隊３中隊のティーガー2B（ヘンシェル砲塔搭載）を撮影したもので迷彩塗装や保守を行なっている。右上）３中隊指揮官車（300号車）で迷彩塗装後にフェンダーの再取付け中。砲塔側面前後の突起は予備履帯架で他の車両には前方予備履帯架がないなどの違いがある。右下）迷彩塗装スプレー中だがティーガー1Eとは異なる転輪方式に注意されたい。左上）車体側面のシャベルや牽引具などのツールの装備情況がよくわかる。左下）71口径8・8センチ砲はシャーマン、クロムウェル、チャーチル戦車の砲塔を距離3000メートル以上で貫通することができた。

オランダのアイントホーヘン南方50キロのワルトフォイヒト（Waldfeucht）付近で英軍の６ポンド（57ミリ）砲弾を近距離から車体側面に受けて撃破された506重戦車大隊のティーガーで左奥にもう１両が見える。同大隊はラインの守り作戦（バルジ戦）に参加したのち本土防衛戦を戦う。

ドイツ本土防衛戦：1945年１月８日、ハノーヴァ南方72キロにあるオステーローデ（Astrerode）の町のカイザーホテル前において、バズーカ砲で撃破された507重戦車大隊の最後のティーガー2Bで砲塔脇に8・8センチ砲弾が見える。

# 西部の戦場（武装親衛隊）

ノルマンディ戦に参加したSS（武装親衛隊）ティーガー部隊はSS101（のち501）、とSS102の２個大隊でいずれも当初45両を装備していた。連合軍上陸前の1944年５月にフランスのアミアン（Amien）の演習場におけるSS101大隊３中隊のティーガーでもっとも逞しさが表現された写真である。

SS101大隊は1943年７月～８月に編成されたが40両前後のティーガーが揃ったのは翌44年５月で、６月初旬に英米上陸軍を迎撃するためにカーン方面に出撃する。この写真２枚は同じくアミアンにおける同大隊３中隊の演習風景。

左方グループ中央コート姿はラーシュSS中尉でその左がSS101重戦車大隊長のハインツ・フォン・ヴェステルンハーゲンSS中佐で周囲に3中隊の戦車長が集まる。同大隊はノルマンディ戦で激しい航空攻撃のために戦場に到達する前に多くの装備を失った。

連合軍のノルマンディ上陸の報に接し、1944年6月初旬に同大隊第1と第2中隊はモルニー、パリ経由で進撃する。この隊列は2中隊長で戦車戦のエースだったミヒャエル・ヴィットマンSS中尉（東部戦線で119両の戦車を撃破）に率いられた2中隊の車両群である。

この4枚の写真はSS101重戦車大隊の車両でパリを経由してノルマンディの要地カーンへと出撃し途中のモルニー（Morgny）村周辺における3中隊のティーガーである。右上）「131」号車は3中隊3小隊1号車で中隊長はメビウスSS中尉である。右下）3中隊の「321」号車。左上）1中隊の「133」号車と道案内をする水陸両用車のシュビームワーゲンが前方に見える。左下）似た写真だが車体左前方に1中隊マークのついた同村落付近の車両。

138両の戦車を撃破して「ティーガー伝説」を生んだミヒャエル・ヴィットマンSS中尉（中央黒服でのちSS大尉）と乗員たち。1944年１月に授与された柏葉騎士十字章を襟元に飾りSS上級中隊指揮官の襟章を付けている。

ヴィットマンSS中尉のティーガー乗員たち。手前は砲手のヴォルSS軍曹で騎士十字章を授章した。後方は操縦手のゼップSS伍長。ヴィットマンと乗員たちは1944年８月８日、サントーの東方で５両のシャーマン戦車の砲撃を受けて戦死する。

有名なヴィットマンSS中尉と僚車によるヴィレル・ボカージュの戦闘は英軍の１個旅団の進撃を停止させた。ヴィレル・ボカージュ（Villers-Bocag）付近で航空攻撃を避けるために入念な樹木のカモフラージュを施して繁みに隠れるSS101重戦車大隊２中隊のティーガー1E。

1944年６月初旬、ヴィレル・ボカージュ付近で繁みに隠れるSS101（501）重戦車大隊２中隊の「222」号車。中隊長のヴィットマンSS中尉は本車を使ってボカージュへ侵入した英「砂漠の鼠師団」のライフル旅団A中隊を攻撃して戦車教導師団の危機を救った。

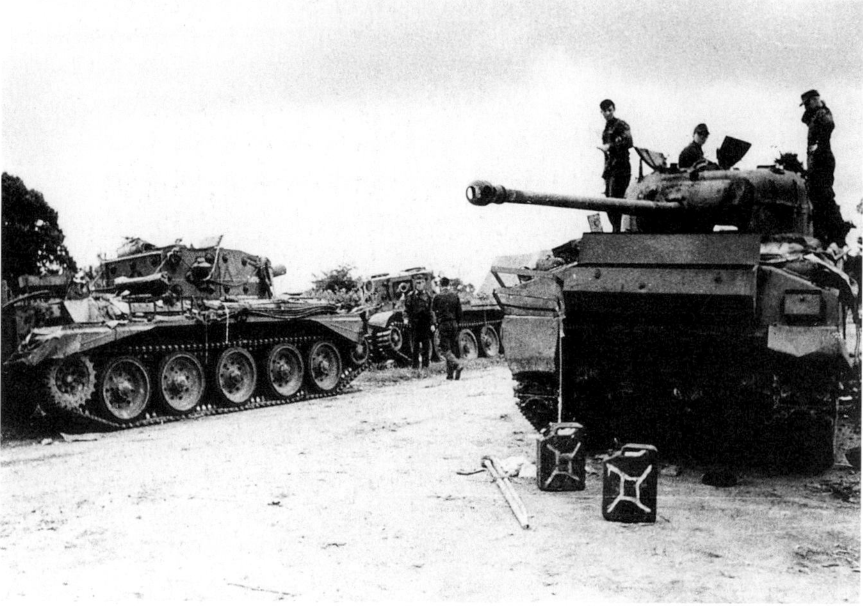

ヴィレル・ボカージュの戦闘：ヴィットマンSS中尉による２度目のヴィレル・ボカージュ襲撃（３両のティーガーと４号戦車１両）ののち、英軍の対戦車砲とクロムウェル戦車に撃破された。右上）手前がヴィットマンの乗車で乗員たちは脱出するが左奥に２両目のティーガーと４号戦車が見える。右下）２両目のティーガーと一緒に戦った戦車教導師団所属の４号H型戦車。左上）英軍に撃破された３両目のティーガー。左下）ヴィレル・ボカージュで撃破された英軍戦車隊で左方はクロムウェル戦車で右はシャーマンファイアフライ戦車。

SS101重戦車大隊２中隊（中隊長ヴィットマンSS中尉）の損傷した「231」号車を牽引している。このティーガーは砲塔上部を口径15センチ以下の高性能炸薬榴弾に耐えるように26ミリから40ミリ厚に強化している。

カーン（から14キロ）とヴィレル・ボカージュ（から11キロ）の中間地点エブルシー（Evercy）で内部爆発を起こしたSS101重戦車大隊のティーガー。ヴィットマンSS中尉もこの付近のゴーメニルで５両のM4シャーマンの攻撃により乗員もろとも戦死した。

ノルマンディでの激戦ののち、わずかに生き残ったSS101（501）重戦車大隊のティーガーがパリ北方140キロにあるアミアンでソンム川を前にして撤収船を待っている。しかし、連合軍の激しい航空攻撃がすぐにはじまり撤退できた車両は少数であった。

1944年８月末に北フランス戦時パリ北方66キロのボーベ（Vobe）で放棄されたSS101重戦車大隊１中隊１小隊のティーガー2B。戦闘中に１中隊はいったん本国に引き上げて数両のティーガー2Bを装備してふたたび戦闘に加わった。

ノルマンディ戦線で英軍に捕獲された走行可能なSS101重戦車大隊のティーガーで右方にSS12戦車連隊の５号A型パンター戦車が見える。英軍の調査では28両の捕獲戦車（44年８月31日まで）のうち20両が自爆、６両放棄、１両徹甲弾命中としている。

211

SS101重戦車大隊から１ヵ月遅れで45両保有のSS102重戦車大隊はノルマンディの戦場に加わった。航空攻撃の激化で10編成列車のうち７編成がパリとヴェルサイユに到着したのは1944年６月27日〜７月２日だった。７月９日からカーン近郊のエブルシー（Evrecy）で戦闘に入り112高地（軍地図上の標高を示す）の激戦に臨んだ。この６枚の写真はノルマンディへ向かう同大隊２中隊３小隊の「231」号車である。右上）英軍から捕獲したディムラー装甲車を先導車にして行軍。右中）格納箱後方に「211」号車の番号が見える。右下）大戦後半に用いられたスポット模様の迷彩服を着用している。左上）航空攻撃を避けるために樹木で偽装する。左中）航空攻撃を警戒中。左下）燃料補給とエンジン点検のために休止中。

SS101重戦車大隊は1944年9月に「SS501」と改称されて45両のティーガー2Bを装備して、ヒトラー最後の攻勢「ラインの守り作戦＝バルジ戦」に参加する。上）突破部隊SSパイパー戦闘団とともに行動するデイデンベルグ（Deidenberg）付近を行く2中隊の「222」号車。下）同じ「222」号車上には第9降下猟兵連隊の兵士たちが見える。1944年12月18日の撮影。

初期作戦にローズハイム峡谷ランゼラト（Ranseredt）へ向かうSS501（101）重戦車大隊のティーガー2Bと米99歩兵師団の捕虜たち。上）MP40短機関銃を背負ったオートバイ兵が続行する。下）同じ車両を前方から撮影したもの。これらの写真は戦場で米軍が捕獲したカメラマンのニュースフィルムに写されていたものである。

バルジ戦初期の1944年12月18日にベルギーのリェージュ（Liege）を目指すパイパー戦闘団SS501重戦車大隊のティーガー2Bが、スタブロー（Stavelot）付近にある小村の丘の斜面を滑落して民家を壊した。巨大な「虎」に驚いて目を見張る住民の姿が印象的である。

SSパイパー戦闘団のSS501重戦車大隊3中隊車両（334号車）でバルジ戦中もっとも前進した先鋒だった。場所はベルギーのブルグモン（Borgoumont）でリェージュまで31キロに迫っていた。右側に撃破された76ミリ砲搭載のM4シャーマンが見える。

燃料不足は深刻となり、1944年12月28日にブルグモン付近のロアンヌ（Roanne）鉄道駅付近で放棄されたSS501重戦車大隊２中隊車（204号車）。この204号車は付近のラ・グレイズ村にいまでも保存展示されている。

SS501重戦車大隊はアルデンヌ戦を撤退して可動戦車23両で東部ハンガリー戦線へ送られソ連軍包囲下のドイツ軍解囲を支援し、大隊の戦果は500両以上といわれる。写真は「G」マークをつけた大戦末期のティーガー2Bで、まだ狭履帯を装備している。

SS103重戦車大隊のティーガー2Bで1945年 4 月30日（ヒトラー自殺直後）にベルリンのポツダム地下鉄駅前での戦闘に投入された10両のうちの1両でソ連軍の砲撃で破壊された。写真に横線が見えるは当時の電送写真のせいである。

# 東部の戦場（国防軍）

チュニジア戦の残存部隊で501重戦車大隊は1943年９月にパーダーボルンで再建され北フランスのメイイ・ル・カンで訓練後の12月にロシア戦線のヴィテブスク（Vitebsk）方面に送られた。1943年12月〜44年１月ころの同大隊３中隊の「332」号車で乗員は野戦食を食べている。

501重戦車大隊２中隊の「233」号車。1943年夏のチタデル（城砦）作戦（クルスク戦）の失敗後はソビエト軍に主導権を奪われて撤退戦に終始する。1944年２月ころの東部戦線での撮影。

1944年初春にヴィテブスク〜オルシャ（Orsha）方面の荒涼とした激戦地を白色塗装を施した501重戦車大隊のティーガー２両が行く。おそらく白色塗装のために鉄十字章やマーキングの類が塗りつぶされたものであろう。

1943年〜44年冬期の501重戦車大隊3中隊長車（301号車）であるが、このころの大隊の可動戦車数は17両と記録される。同大隊は1945年2月に解隊されて512重駆逐戦車大隊となりルール工業地帯の防御に投入される。

501重戦車大隊 2中隊の指揮車両と思われる。手前にBMW・R75サイドカーが見え戦場の雰囲気のよく出た写真である。この大隊はチュニジア戦からオーデル戦線までを戦い300両以上の戦車を破壊した。

1944年３月下旬に新設されたレーヴェ渡河橋（Loewe Brucke＝前年の12月に戦死したレーヴェ大隊長の名を冠した）を越える501重戦車大隊のティーガー戦車。上）主砲の下で訓示するのは中央軍集団長ゲオルグ・リンデマン大将。中）最初に橋を渡るティーガーだが、車長右手にリンデマン大将が見える。下）工兵が架けた橋を後続車が渡る。

東部戦線で消耗した501重戦車大隊は1944年9月に45両のティーガー2Bで再装備されて再び東部戦線へ戻った。写真は1944年10月初旬のヴァイクセルの屈曲部における3中隊車（311号車）で左方に3号突撃砲が見える。（R. Murray）

502重戦車大隊は1943年3月に先に第1中隊がロシヤ戦線で戦闘に入った。4月に2と3中隊が編成されて北フランス・ブルタニューのレンヌ西方57キロにあるプロエルメル（Ploermer）で訓練を行なった。左上）プロエルメルにおける新品の2中隊長車で全ての装備が整っている。下）同じ中隊のティーガーだが農村の牛との対比が面白い。

502重戦車大隊の１中隊は1943年１月からドン軍集団指揮下に入りロストフ付近のプロレタルスカヤで戦闘に加わった。他方、２、３中隊は43年６月～７月に北方軍集団のレニングラード地区に送られてラドガ湖戦で歩兵を援護する任務につく。右上）３中隊「314」号車は樹間で休息中。右下）同じ車両で乗員が水浴中である。左上）森林内ですれ違う「312」号車（左）と「321」号車（右)。左下）「312」号車の履帯修理風景。

レニングラード戦線の502重戦車大隊のティーガー。ロシアの大地でこそ必要なファイフェル塵埃除去装置が生産簡易化のために廃止されているが車長用キューポラはまだ初期の筒型のままである。

レニングラード戦線における502重戦車大隊の車両だが周囲の風景は湿地と沼沢地が多くこの地区の特徴をよく示している。1943年後半に用いられた独特の迷彩塗装を施している。

レニングラード戦線における502重戦車大隊１中隊（113号車）の車両だが砲塔には前の車両番号がかすかに見える。この大隊はオットー・カリウス中尉やヴィリー・イェーデ少佐といった戦車戦のエースで騎士十字章保持者を多く輩出した。

上）1943年秋にロシアの村落を通過する502重戦車大隊1中隊（113号車）車と後方に僚車が続行する。写真右端に 1 中隊の戦術マークを描いたサイドカーも見える。下）同じ113号車で行軍中に森林内で野営の準備中。

503重戦車大隊３中隊（323号車）のティーガーであるが車体側面のフェンダーを外して穴をボルトで埋めている。1944年３月にはレニングラード付近のプスコフ湖（Pskov）付近の戦闘に投入される。

1944年１月、レニングラード方面の502重戦車大隊１中隊（101号車）の車両で雪中に樹木でカモフラージュされ攻撃を警戒している。当初は突破戦車とされたが戦況により防御任務につくようになりある意味でティーガーの特性が生かされる結果となった。

1944年春、北方軍集団の502重戦車大隊の車両で乗員が手作業で冬期白色迷彩を剝がしているが右前面機銃架付近はすでに除去されている。また、機銃架前にある箱は野戦糧食である。

野戦修理所における502重戦車大隊２中隊（233号車）の車両で変速機やステアリング・ギアを取り替えるためにポータル・クレーン（橋門クレーン）で砲塔を吊り上げている。同大隊の車両は機器の設計ミスと操縦手の間違った取り扱いによりこの種の故障が頻発した。

1943年6月末、503重戦車大隊はハリコフにいた。このときにトルコの軍事使節団が訪れてティーガーを見て驚嘆したという。当時、トルコは中立を標榜し、政治上の理由からドイツと連合国から軍事支援を受けるという複雑な事情があった。

503重戦車大隊は1944年春に同盟国ハンガリー軍に14両のティーガーを引き渡した。写真は同大隊3中隊の乗員による軟弱地脱出の訓練中である。このあと509大隊へ残存車両を引き渡して同年6月にティーガー1Eと2Bの混成45両で再編成される。

1944年３月初旬、503重戦車大隊は一時期「ミッターマイヤー戦闘団」に所属してタルノポリからの撤退戦に従事する。１中隊２小隊３号車（123）で砲塔番号、国籍マークを除き応急的に白色迷彩塗装をしている。

1944年２月、503重戦車大隊（34両）はチェルカシー（Charkasy）で包囲された２個軍団救出のためにベーケ重戦車連隊の傘下に入って解囲作戦に加わる。写真は同大隊の２中隊１小隊（211号車）の車両。

233

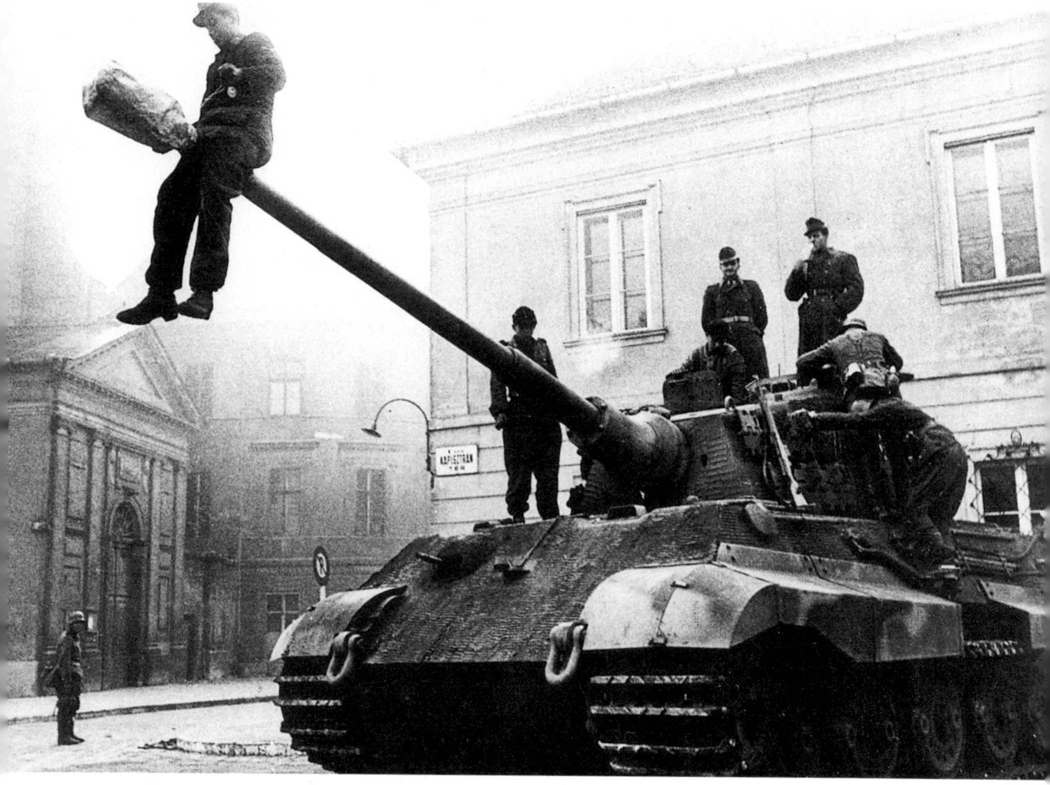
KAPISZTRAN

503重戦車大隊は西部戦線で大打撃を受け1944年９月に45両のティーガー2Bを供給されて再建される。10月に同盟国ハンガリーの摂政ホルティ提督と政府が連合軍へ寝返るのを防ぐために、ヒトラーはスコルツェニーSS中佐にブダペスト制圧「パンツァーファウスト作戦」を命じ、その武力支援に大隊のティーガー2Bがブダペストに入った。右上）王宮付近を制圧する２中隊のティーガー2B「233」号車。右下）任務を終えくつろぐ乗員とSS第600降下猟兵大隊の兵士も散見される。左上）市内を封鎖する２中隊指揮車（200号車）。左中・左下）官庁前を行く234号車で向こう側はSSマリア・テレサ師団の兵士たちが行進する。

ソビエト軍の突出部を挟撃する1943年夏のチタデル作戦前の505重戦車大隊と地元の住民。同大隊は31両のティーガーと３号戦車14両を装備して東部戦線に送られた。各小隊はティーガー２両と３両の３号戦車で編成されていた。

505重戦車大隊も全期間で1000両ちかい撃破戦果を得た。1943年４月、ベルギーで訓練中の同大隊のティーガーで、同年７月のチタデル作戦にモーデル元帥の第９軍傘下に入って戦い、その後はスモレンスク方面へ転戦する。

213

213

1943年の晩秋、オルシャ方面（Orsha=スモレンスク付近）の修理廠で大規模整備を受ける505重戦車大隊の車両。右上）左端に冬期戦に備える白色迷彩の2中隊「213」号車が見え右端では砲塔を搭載中。両車の中央に3中隊指揮車（300号車）の砲塔が見える。右下）同じ「213」号車で右砲塔と後部が塗り残されている。左上）珍しく設備の良い工場で損傷した排気管カバーを交換する。左下）3中隊の「323」号車の重労働な履帯交換。大隊はこのあとオルシャ北方のヴィテブスク（Vitebsk）南部戦線で戦闘を行なう。

1943年冬期、オルシャ方面における505重戦車大隊の車両で敵歩兵が戦車によじ登るのを防ぐために周囲に有刺鉄線を張り巡らせている。前後の車両は後期型の車長キューポラを装備している。

1944年2月、タルノポリ（Ternopol）付近の戦闘で歩兵部隊を支援する505重戦車大隊のティーガーで効果的な迷彩塗装を施し、車体側面に悪路脱出用の丸太を搭載している。このころの大隊の実戦力は20両程度であった。

1944年初夏、ソビエト軍の大反撃作戦が行なわれて中央軍集団は大損害を受ける。写真はその前に撮影された中央軍集団傘下の505重戦車大隊ティーガー中隊の縦隊行軍で、このころ本国の補給により42両を保有していた。上）降下猟兵部隊とともに進む同大隊３中隊の隊列。下）強力な4連装20ミリ機関砲（2cmFlak38/43）を搭載した対空小隊が警備している。

506重戦車大隊は1943年８月に45両を装備してウクライナ・ドニエプル川戦域ザポロージェ（Zaporizhya）の戦いに投入された。写真はチェルカシーで包囲された２個軍団救出に向かう同大隊のティーガーと擲弾兵たち。

1944年初頭チェルカシー付近のウマニ（Uman）方面での506重戦車大隊２中隊の指揮戦車（前方のシュテルン（星形）アンテナ搭載）と後方の「11」号車は３小隊長車である。大隊は44年８月にティーガー2B45両で装備されオランダ〜ドイツ本国防衛戦闘に投入された。

507重戦車大隊は1944年４月に危機に陥ったタルノポリ防衛部隊を救援するために行動を起こした。同大隊の攻撃前の集結風景だが、この一連の激しい戦闘で200両以上の戦車を撃破したとされる。大隊は45年３月に再編され本土防衛に投入された。(R. Murray)

507重戦車大隊を訪れたハインツ・グデーリアン大将（右から２人目）。１中隊指揮車両の「100」の砲塔番号はひと桁目を大きく、つぎの小隊と車両番号を小さく「下揃」にした独特の描き方をしている。(本文戦車データ参照)

1944年の東部戦線で装甲兵員輸送車（Sdkfz 251/4）から8・8センチ砲弾の補給を受ける507重戦車大隊のティーガー。戦車左後部に「剣を鍛える鍛冶屋」の大隊マークが見える。（本文重戦車大隊データ参照）

ハンガリー・バラトン湖方面の509重戦車大隊２中隊（231号車）のティーガー2B。この大隊は1943年11月以降、東部戦線の激戦に参加して1944年12月にティーガー2B45両で再装備された。

# 史上最大の戦車戦(チタデル戦)

1944年７月５日、クルスクの突出部を挟撃するチタデル作戦が開始された。戦闘のピークでは双方がポヌイリ～ソボロフカ間の10数キロに1000両以上の装甲戦闘車両を参加させた。SS第3戦車師団トーテンコプフ（どくろ）のSS第3戦車連隊３中隊のティーガーで「３本直線棒」のチタデル戦時のマーキングが見える。(R. Murray)

チタデル戦時のSS第３戦車連隊３中隊の車両で同じく「３本の直線棒」マークが見られる。この戦いにはSS中将ハウザーが率いるSS（武装親衛隊）戦車軍団の３個戦車師団が投入されて戦車戦の中心戦力となった。

1943年７月のチタデル戦（クルスク戦）におけるSS「ダスライヒ」３戦車連隊８中隊のティーガーで前方に擲弾兵が配置されている。また、車体前面右端にこの時期のみに使用された師団マークも見える。

チタデル戦時のSS「ダスライヒ」９中隊のティーガー（向こう側は933号車）で損傷車両の修理中に外された起動輪なども見える。SS部隊はLSSAH（総統旗）、ダスライヒ（帝国）、トーテンコプフ（どくろ）の３個戦車師団でSS戦車軍団を編成して大挟撃作戦の中央突破の任務を担った。

SS第１戦車師団LSSAH（総統旗）SS1戦車連隊13中隊のティーガー。1943年夏のチタデル作戦直前に長い砲身清掃棹を用いて砲身内を掃除中である。この戦車連隊は戦史で知られるベルゴロドやプロホロフカで激しい戦車戦を行なっている。（R. Murray）

チタデル戦に加わった国防軍ティーガーは502重戦車大隊１中隊の14両、503重戦車大隊の45両、505重戦車大隊の31両、およびGD（大ドイツ）戦車擲弾兵師団戦車連隊13中隊の15両である。砲弾を補給中の503大隊１中隊車（123号車）。

チタデル戦時に503重戦車大隊１中隊（114号車）を２両の18トン牽引車で引き斜面を登る。大隊の３個中隊は３個戦車師団に配分されて別々の戦線で戦った。チタデル戦では赤軍の堅陣を抜けず大挟撃作戦は失敗に終わる。

クルスクの戦場で丘を登って進撃する503重戦車大隊のティーガーの隊列。手前に見えるティーガーの車長ハッチの裏側に「13」の文字が見えるが、初期型で可能だった４メートル深度までの潜水渡渉時に13段階の手順が必要だという車長への警告文字である。

左・右の２枚とも広大な草原戦線で戦闘準備を整えて出撃を待つ503重戦車大隊１中隊（123号車）の車両。クルスク戦はイタリアのシリリー島へ連合軍が上陸したために実質的に中止され以降は撤退戦に移行するのである。同大隊は７〜８月にかけて400両近い戦果を挙げている。

505重戦車大隊2中隊のティーガーで会戦に先立ち8.8センチ砲の照準具の調整を行なっている。同大隊はクルスク北方戦線でモーデル元帥の第９軍の第２戦車師団とともに挟撃作戦に加わったが最終的に赤軍に阻止されることとなる。

23

クルスクの戦場を行く505重戦車大隊のティーガーで側面に超壕用の「丸太」を搭載している。360度周囲に何もない大草原こそまさにティーガーにとってふさわしい戦場だったであろうが投入された数は少なかった。

クルスクの戦場における505重戦車大隊のティーガーだが、戦車の前面に予備履帯を装甲強化に用いそこへ鉄兜を6個（乗員は5名！）並べている。この大隊はチタデル作戦後の8月にスモレンスク方面へと転戦してゆく。

# 東部の戦場（グロス・ドイッチュラント戦車大隊）

国防軍で桁外れの戦力を誇ったGD擲弾兵師団は唯一重戦車大隊を直轄した。最初1943年初頭に９両の13重戦車中隊から始まり第３重戦車大隊への昇格は同年6月だった。チタデル戦後の同年８月にハリコフ付近のアクトウィルカ（Akhturka）で防御戦に投入された。写真は同地の11中隊（C01号車）車両。

この２枚のティーガーの写真はGD師団GD戦車連隊13重戦車中隊が1943年３月にベルゴロド（Byelgorod）とハリコフ（Kharikov）への反撃戦を行なった際の撮影である。上）雪中を行くシュトラハビッツ（GD戦車連隊長）戦闘団のティーガーと右側をシュタイヤー1500野戦乗用車が並走する。下）同一車両で乗員の休息中。

GD戦車連隊GD重戦車大隊となり砲塔記号も変わった。写真の変わった砲塔記号を持つ「A23」号車はGD戦車連隊9中隊2小隊車（Bは10中隊、Cは11中隊）である。

1944年3月、キーロフグラード（Kirovgrad）防衛戦のころの撮影でティーガーのマイバッハHL210エンジンを交換するGD3大隊9中隊のA31号車。このあとルーマニアーハンガリー国境方面での防衛戦闘につく。

大戦末期の1944初夏にGD重戦車大隊へ補充が行なわれ、大隊はルーマニアから配置換えのために東プロシャ（現ポーランド）グムビンネン（Gumbinnen）へ到着し、リトアニア〜ラトビア国境付近で戦闘に従事するが、この連続写真は同地へ到着時のもの。右上）平貨車上で輸送用の狭履帯を装着し前方に戦闘用の幅広履帯を置いている。右下）平貨車上の９中隊２小隊車（A22号車）で５号パンター戦車も右方に見える。左上）下車した９中隊（A12号車）の車両でまだ輸送用履帯のままである。左下）下車後９中隊（A23号車）は戦闘用履帯に交換中で左側はすでに交換してある。

1944年８月、バルト諸国で反撃作戦を行なったGD戦車連隊３大隊10中隊の指揮車両（B01号車）と、リトアニアのメメール付近のシャウレン（Schaulen）を攻撃してソビエト軍から捕獲した7.6センチ対戦車砲数門が見える。

1944年９月～10月のバルト諸国防衛戦中、リトアニア・メメール（現Klaipeda＝クライペダ）周辺における防御戦時のGD師団３大隊のティーガーで同大隊は最後までバルト方面で戦闘を継続するがティーガー1Eのみで戦い、その供給数は64両だった。

# 東部の戦場(武装親衛隊)

SS(武装親衛隊)はSS第2戦車師団ダスライヒ(帝国)第2戦車連隊8中隊がティーガー部隊で、これはのちにS101(のち501)重戦車大隊となる。上)1943年初旬にソビエト軍に奪われたハリコフ(Kharkiv)の再奪取作戦をポルタヴァ(Poltava)で準備中の「832」号車である。下)戦車後部に著名な同師団の「狼罠」のマークが明瞭に見える。

1943年４月下旬、ハリコフ戦時のSSダスライヒ８中隊のティーガー。写真が不鮮明だが車上にSS2戦車擲弾兵師団長のヴァルター・クリューガーSS中将（右から３人目）が見える。

1943年末にジトミル（Zhitomir＝キエフ西方）で降下猟兵と共同行動をとるSSダスライヒ３戦車連隊8中隊のティーガーだが、翌44年２～３月には保有数両になり各種の戦車を集めて中隊規模のダスライヒ戦闘団として戦った。

この２枚も1943年末のジトミルにおけるSSダスライヒ（帝国）師団SS2戦車連隊のティーガーで前面左にチタデル戦時に用いられた師団マークを描いている。この中隊は大隊になるまでに受領したのは25両（大隊になって51両）のみだった。上）写真のぶれが疾走するティーガーを感じさせる。下）森林内の道を重戦車が移動するのは容易ではない。

1943年3月に行なわれたハリコフへの反撃作戦時のSS3戦車擲弾兵師団トーテンコプフ（どくろ）3戦車連隊（ティーガーと3号戦車の混成）の4中隊「423」号車。写真が不鮮明なのはドイツの敗戦によりネガが焼却され僅かに残った35ミリ版プリントから復元して引き伸ばしたためである。

SS師団トーテンコプフ（どくろ）第３戦車連隊９中隊のティーガーで1943年８月にハリコフ方面で野砲により撃破された。同戦車連隊はほかに４中隊がティーガーを装備して大戦末期までに35両のティーガーが供給されている。

SS第３戦車擲弾兵師団トーテンコプフ（どくろ）第３戦車連隊９中隊は1944年８月に一時期ポーランドのワルシャワに送られてポーランドの対独蜂起鎮圧を行なう。上）写真はそのころのものであるが樹木をなぎ倒して進む勇ましい「912」号車の宣伝用写真。中）履帯装着中の912号車だが鋼製転輪を持つ後期型である。下）912号車の主砲を所定の位置にセットするが砲身先端に多数の撃破マークが見える。

# ティーガーの生産

カッセル市はフランクフルト北方140キロにありここにヘンシェル社（Henschel Werk）がある。ゲオルグ・クリスチャン・カール・ヘンシェルが1810年に創始したもので今日でも列車製造分野で活躍している。ヒトラー時代の1933年〜1945年まで戦車を生産し、とくに1943年から45年まではティーガー系列重戦車を生産するが、ティーガー1E型は1354両でティーガー2B型は489両である。

（解説はp 113 を参照）

この９枚の写真はカッセル工場のティーガー1Eの生産風景で「タクト＝Takt」と呼ばれる大量生産工程に従った。p 109）縦列組立ライン。p 110上）ドレーバンク（Drehbank＝旋盤）で砲塔リングを加工する。p 110右下）前面装甲溶接は耐弾性を高めるために丁寧に行なわれる。p 110左下）エンジンの搭載と懸架装置の組付け。p 111上）トーション・バー・サスペンションの取付け。p 111中）複雑な転輪の溶接作業。p 111下）砲塔を搭載する。p 112）先頭の車両はほぼ完成。p 113上）ドイツの敗戦で野積にされたティーガー2Bの車体。p 113下）カッセル工場から英国に運ばれるティーガー初期型。

# スナップ・ショット

SS101大隊のティーガーで３中隊独特のマーキングが見える。車体は対戦車吸着爆雷避けの「Zimmerit＝ツィンマーリット塗装」を施している。これはベルリンのツィンマー化学会社製でビニール樹脂25パーセント、接着剤、木繊維（充塡剤）10パーセント、バリウム40パーセント、硫酸亜鉛10パーセントと黄色剤の成分だった。

1943年夏の東部戦線におけるティーガーだが頻繁に履帯が故障した。昼間行軍時は時速10キロ（夜間は７～10キロ）で走るが最初の５キロ地点に第１の修理所があり、次いで10～15キロごとに修理班が待機してメインテナンスを行ないつつ集結地へ向かった。

ティーガーはこのような道路ではかなりの速度が出せたが実際の時速は20～25キロだった。カタログ速度は最大45.5キロとされるが、エンジンは2500回転以下に押さえられて最大時速は37.8キロである。なお、2Bも34.6キロに制限された。

東部戦線で移動行軍中のティーガーの隊列。大戦後半の東部戦線でのドイツ主力戦車の稼働率はティーガー1E（68パーセント）、5号パンター（62パーセント）、ティーガー2B（70パーセント）でティーガーはパンター戦車よりも良かった。

すでに幅広な戦闘用履帯を装着し白色塗装を施して東部戦線へ送られるティーガーだが、白一色塗装は目立ち過ぎるために戦地において乗員たちが汚れ迷彩を施した。写真では初期型転輪と側面部などが鮮明に写されている。

不鮮明な砲塔記号だが1944年後半、502重戦車大隊所属のティーガー後期型と思われる。故障で牽引されたようで2本の牽引フックの位置に注意。ドイツ戦車隊は損傷車を回収修理して直ぐ戦場に送り出し量で圧倒するソ連軍に対抗した。

ロシア戦線で履帯を傷めて修理中に雪を被ったものであろう。履帯の故障が多かったティーガーだが、英国での評価分析では前線での可動率は５号戦車パンターよりも優れていると結論づけているのは興味深いことである。

ヘンシェル社に敗れた競作ポルシェ・ティーガー（VK4501（P））の数両がティーガー1Eの砲塔を搭載して、1944年春に第553重駆逐戦車大隊（駆逐戦車フェルディナント装備）の指揮車両（写真は003号車）として東部戦線に送られた。（R. Murray）

メカニックがティーガーのエンジンの燃料系統キャブレター付近を整備している。各独立大隊には200名規模の1個整備中隊が付属し第1と第2は整備と修理小隊で第3は戦車回収小隊だった。40〜45両のティーガーを運用するのにじつに1000名ほどの大隊要員を必要としたのである。

砲塔上部装填手ハッチから8.8センチ砲弾を搭載する。ティーガーIEは3種の砲弾（92発格納）を使用する。徹甲弾2種（Pzgr.39／Pzgr.40）と榴弾（Gr.39）だがPzgr.39は距離1500メートルで装甲91ミリを、Pzgr.40は122ミリを貫通することができた。

1943年夏、東部戦線でティーガーの8.8センチ主砲の砲口制退器（マズルブレーキ）を掃除する乗員。清掃棒（洗桿）は分解されて常に車体側面に搭載されていた。

ティーガーの履帯を交換中であるが「挟み込み式」の大きな皿型転輪が3重に重なり、その構造から転輪間に泥や氷雪が詰まって難儀したという話がよくわかる写真である。

初期型に搭載されたマイバッハHL210P45エンジン（のちにHL230Pへ換装）は3000回転時に650馬力を発生する。写真の整備小隊員の整備する足下の丸いものはエアー・クリーナーである。

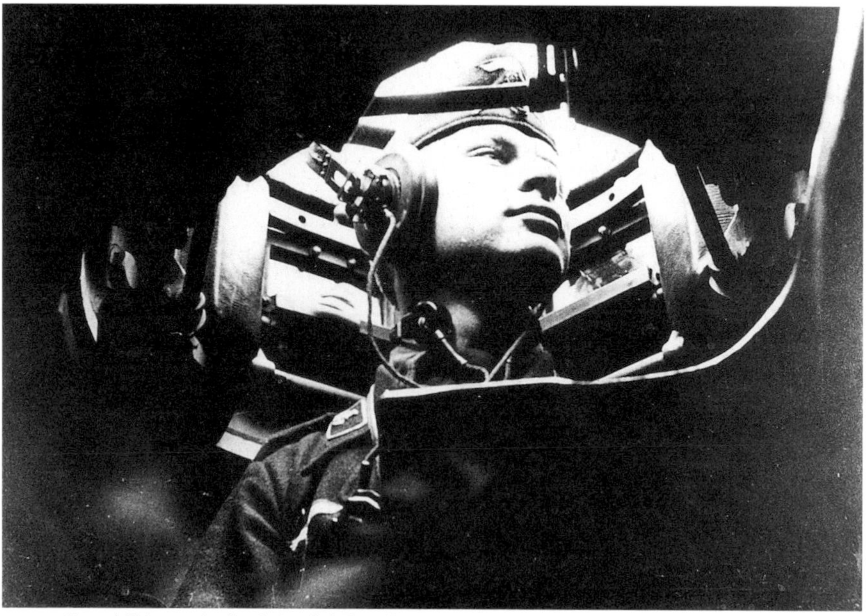

ティーガーの車長キューポラ内に収まる戦車長だが顔の周囲に５ヵ所の周囲観察ロや乗員保護パットが見える。また、車長は喉元に通話用のヘッドフォンと喉頭マイクロフォンを装着している。

SS（武装親衛隊）のティーガーの車長でヘルメットを被っている。着用している3角布の迷彩ポンチョは連続してつなぐと簡易テントにもなる戦場での便利グッズだった。

ティーガーの左前方に座る操縦手だが通話用のヘッドフォンを付けている。操縦手の前方には半円形の操縦輪があり座席の左右に各１本ずつの緊急操縦レバーがある。操縦席右側は機銃・無線手席である。

写真中央に捕獲されたT34/76（のちに85ミリ砲を装備）と右端にティーガーが見え両車のサイズの比較ができる。ティーガーはT34戦車を距離1400〜1500メートルで撃破するのを最適距離とした。

北方軍集団戦域で撃破されたソビエトのKV1重戦車で76.2センチ砲を搭載し重量43トンだった。ドイツ軍はロシア侵攻数日にKV1重戦車に遭遇して驚き重戦車開発に大きな影響をあたえた。

東部戦線北方戦区で撃破されたKV2重戦車でKV1戦車の車体に15.2センチ砲を搭載して重量は53トンあった。ドイツ軍はKV1、KV2、そしてT34戦車に遭遇して威力を見て重戦車開発に拍車をかけるが戦場にティーガーが現われるのは1942年末からだった。

大戦末期に赤軍が登場させた重戦車はIS—1（ヨセフ・スターリン）とIS—2だが写真はIS—1で8.5センチ砲を搭載した。前面装甲120ミリもありティーガーの正面攻撃は距離500〜600メートル（ティーガー2Bなら1800メートル）まで接近したと記録される。

上）大戦末期に現われてティーガー・キラーと呼ばれたヨゼフ・スターリン（IS2）重戦車で東欧の街でドイツ軍に撃破された。左側建物下に乗員が見えIS2の前のドイツ兵が何事か指示している。下）1944年後半、東欧の戦場で撃破されたIS—2で強力な12.2センチ砲が印象的である。

西部戦線において無傷でドイツ軍が捕獲して試験中の英シャーマン・ファイヤフライで17ポンド砲（76ミリ相当）を搭載している。西部戦線ではティーガーにとってこの戦車の砲力が１番危険だった。

ノルマンディ戦のドイツ軍が捕獲したM4A3シャーマンで75ミリ砲を搭載していた。ティーガーはM4ならば距離2100メートルでも傾斜正面装甲を貫徹することができた。

SS101重戦車大隊１中隊が撃破した「砂漠の鼠」師団の英クロムウェルMk4戦車で75ミリ砲を搭載している。M4はじめ英米の中戦車はティーガーに対しては数両で包囲して近距離から履帯などを攻撃する戦法をとったという。

## ティーガー伝説

一九四四年六月六日、連合国軍の輸送船五〇〇〇隻が一五〇〇隻の戦艦、巡洋艦、駆逐艦など各種支援艦船を伴い、フランス北部のノルマンディ海岸に押し寄せ、欧州大陸を支配するドイツ軍へ反攻戦を開始した。

上陸軍が内陸部へ進撃するには交通の要地カーンを確保しなければならない。カーン前面にはドイツ軍の防衛線がある。北アフリカ戦線で歴戦の「砂漠の鼠」こと「英第七機甲師団」が防衛線を迂回してバイユー方面から、ドイツの精鋭「戦車教導師団」の背後を突こうと進み、途中のヴィレル・ボカージュの町に至ったときにその戦闘は起こった。

一九四四年六月一三日、英先鋒部隊の第一ライフル旅団A中隊はボカージュの町の「二一三高地」へ向かっていたが、その戦車隊を発見したのは偵察中の一両のティーガー戦車だった。

このティーガーはボーヴェとパリを通過して、カーン付近のヴィレル・ボカージュを確保するために町へ接近していた、第五〇一重戦車大隊第二中隊長のミヒェル・ヴィットマンＳＳ中尉（ティーガー四両と戦車教導師団から配備された四号戦車一両を率いていた）の車両であり、中尉はドイツ戦車部隊のトップ・エースの一人だった。

ヴィットマンは町中に入り「Ｎ１７５」道路上で、まず、本部所属のクロムウェル戦車三両を八・八センチ砲により次々に撃破した。そのために路上で渋滞を起こした英機械化部隊のハーフトラックの隊列も、ティーガーの機銃に射竦められて次々と燃え上がる。そして、最初に撃ち漏らしたクロムウェル戦車一両も破壊した。

ここで中尉は部下が待つ地点に戻って弾薬を補給すると、僚車を引き連れて再び戦場へと引き返し、二一三高地への途上にあったA中隊の英戦車群を、側面から襲って次々と破壊した。そこからヴィットマン中隊の三両のティーガーと一両の四号戦車が町の中心部に戻ると、今度は待ち受けていた英軍の六ポンド（五七ミリ）対戦車砲と、ティーガーの強敵一七ポンド砲（七六ミリ）搭載の「シャーマン・ファイヤフライ戦車」と「クロムウェル戦車」の近距離砲撃により、ヴィットマン車を始め後続の二両と同行する四号戦車も破壊されたが、ヴィットマン中尉と乗員たちはうまく脱出することができた。

この戦いで数両のティーガーの奮戦が英一個旅団を停止させ、戦車教導師団の危機を救うというノルマンディ戦屈指のエピソードとなり、のちの英第七機甲師団史にも「ヴィレル・ボカージュ戦」と特記されて、ティーガー伝説が生まれる要因となったのである。

※注・ミヒェル・ヴィットマンの軍歴は一九三四年一〇月に陸軍の一歩兵卒として始まり、四年後の一九三七年にＳＳ（親衛隊）の武装親衛隊（ヴァッフェンＳＳ）に転じた。その後は総統旗連隊（ＬＳＳＡＨ＝のちＳＳ第一戦車擲弾兵師団ライプシュタンダルテ・アドルフ・ヒトラー）に所属した。一九三九年九月のポーランド侵攻戦を皮切りに、ロシア戦線を転戦したのち一九四四年夏に、ノルマンディ戦にて空爆で戦死するまでずっと前線で戦闘に従事した。ヴィットマンは当初、突撃砲の乗員として戦車を撃破するが、急速に戦果を増やして、

右上）ティーガーIEの前上方写真で特徴ある馬蹄形の砲塔形状を３分割主砲や装備品の配置が良くわかる。左下）左側面写真で砲塔側面に発煙弾発射筒と前期に用いられた筒形キューポラが見える。左上）後上方写真で車体後部左右端にホースと接続された塵埃地用のファイフェル空気清浄装置が見える。

一九四三年にSS少尉に昇進してティーガー戦車長となり、東部戦線で一一九両目の獲物を葬ったのちにSS中尉（最終階級SS大尉）に昇進し、SS第一戦車擲弾兵師団（LSSAH）SS第一〇一（のち、SS五〇一重戦車大隊）の所属となり西方戦線に移動した。一九四四年六月一三日のカーン（ヴィレル・ボカージュ）の戦闘で、ティーガー戦車小隊を率いて二五両の連合軍戦車を撃破したのちに戦死するまで、一三八両の戦車と一三〇門の対戦車砲を破壊した戦車戦のエースとなり、一九四四年六月二二日に剣付騎士十字章を授章した。

この伝説的なティーガー戦車は、どのようにして生まれたのであろうか。

一次大戦後にヒトラーの登場でドイツが再軍備を開始した二年後の一九三七年に、カッセル市にあるヘンシェル・ウント・ゾーン社で、ドイツ戦車部隊の中核「三号戦車」と「四号戦車」の後継車として、三〇～三三トン級戦車の開発が進められ「DW1（突破戦車）」と呼ばれた。このDW1を一九四〇年までに発展させたのが「DW2」だが、全体的な開発テンポはゆっくりしたものだった。

一九三九年九月にドイツがポーランドへ侵攻して二次世界大戦が勃発し、翌一九四〇年五月のフランス電撃戦もヒトラーの勝利で終わった。次の目標であるソビエト侵攻戦が目前に迫った一九四一年五月二六日に、ヒトラーの開催する兵器会議において、主力の四号戦車に代わる重戦車の装備が決定された。この時、ヒトラーの重戦車アイデアに影響を与えたのが歩兵とともに行動するフランスの多砲塔型「シャールB型重戦車」と英国の「マチルダ」歩兵戦車だった。

一九四一年六月二二日にソビエト侵攻「バルバッロ作戦」が開始され、ドイツの戦車群がロシアの草原を進撃したが、侵攻二日後の六月二四日に第一戦車師団がソビエトの新鋭T34戦車とKV1重戦車に遭遇して苦戦し、ドイツ戦車隊は速力、機動力、熟練を生かした戦術によって危機を凌いだ。

しかしながら、この事件によりドイツが最新鋭戦車だと自信をもっていた三号、四号戦車の装甲と火力が急速に旧式化することになり、ドイツ軍は大きなショックを受け、それ以降の重戦車の開発に大な影響を与える転機となった。

一方、ヘンシェル社の「DW2」は一九四一年まで実験が続行されるが、次の段階へ進む発展型は「VK3001」と呼ばれ、その試作にポルシェ社、MAN社、ダイムラー・ベンツ社が参加して進められていたが、ソビエトのT34戦車ショックにより、この開発計画は中止された。

そこで、陸軍兵器局（HWA）は、距離一〇〇〇メートルで相手の一〇〇ミリ装甲板を貫徹する戦車砲を搭載し、敵と同じ装

ティーガー伝説を生んだミヒェル・ヴィットマンSS中尉（左端）と（ヴィレル・ボカージュ戦時のSS一〇一（五〇一）重戦車大隊二中隊）乗員たち。

甲防御力を有する戦車の開発を急務とした。この目的にかなう砲として、戦場で多目的砲として成功していた「８・８センチＦｌａｋ３６対空砲」を主砲に搭載することにした。

競作でポルシェ社はガソリン・電動駆動方式の「VK4501(P)」を完成させたが不採用となった。(R. Murray)

ここで重戦車開発の流れはポルシェ型と、ヘンシェル型の二つの流れに分かれてゆくことになる。

○ポルシェ社・ＶＫ３００１（Ｐ）（レオパルトまたはタイプ１００）→ＶＫ４５０１（Ｐ）。

ポルシェ型は高初速（高い発射速度）で威力のある主砲を搭載し、重装甲だが時速四〇キロというヒトラーの提案をもとにした設計で、ガソリン＋電動駆動方式と縦型トーション・バー懸架装置など、幾つかの新機軸を盛り込んでいたが、この技術はのちにヘンシェル社との競作重戦車「ＶＫ４５０１（Ｐ）」へと継承される。

ヘンシェル社で重戦車として開発されていた「VK3001 (H)」は設計が旧式となり1941年５月に開発が中止された。

○ヘンシェル社・ＶＫ３００１（Ｈ）→ＶＫ３６０１→ＶＫ４５０１（Ｈ）。

すでにヘンシェル社のＶＫ３００１（Ｈ）は一九四一年五月に中止となり、平行検討されていた重量軽減と大型化を防ぐ、

ヘンシェル社で同時に開発進行中の「ＶＫ３６０１（Ｈ）」は口径漸減砲を搭載予定だったがタングステン不足により中止されて七両のみが製造された。

三六～四〇トン・タイプの小型砲搭載戦車があった。これは「VK3601（H）」あるいは「ヴァッフェン（兵器）0725」と称され、「口径暫減砲」を用いる計画だった。すなわち、砲身基部から先端部へ向けて次第に細く絞られる砲身を有し、装甲貫徹力の高いタングステン弾芯の砲弾を高初速で発射する主砲だった。

ヘンシェル社は最終開発型「VK4501（H）」（手前の右奥にVK3001が見える）へ発展させて「ティーガー1E」として正式に採用された。

　砲塔は軍需産業の雄フリードリッヒ・クルップ社が、ポルシェとヘンシェル両社の砲塔を製作する予定だったが、口径暫減砲弾用の希少資材タングステン鋼の供給問題が発生したために、ヒトラーの命令でこのVK3601（H）開発は中止されたが、一九四二年四月までに七両が製造されている。

　余談ながら、このVK3601は「七二・五センチ幅」の幅広履帯が、列車輸送時に平貨車上ではみ出るという問題があり、その解決策としてもう一種「五二センチ幅」の狭い履帯が開発され、前者は戦闘用で後者は輸送用としてのちのティーガー戦車に継承されてゆく。

　一九四一年五月、陸軍兵器局からヘンシェル社とポルシェ社に、ヒトラーの誕生日である一九四二年四月二〇日までに、重戦車の試作車を供覧できるようにと開発が要請された。これに伴いポルシェ社はVK3001（P）で実績のある、「ポルシェ・タイプ101」として知られる、ハイブリッド型のガソリン（空冷）／電動駆動エン

| ポルシェ社 | ヘンシェル社 |
|---|---|
| VK 3001（P）　1939年 | DW 1（突破戦車1）　1938年 |
| ↓ | ↓ |
| | DW 2（突破戦車2）　1939年 |
| ↓ | ↓ |
| | VK3001（H）　1939年 |
| | ↓ |
| | VK3601（H）　1941年 |
| ↓ | ↓ |
| VK 4501（P）　1941年 | VK4501（H）　1941年 |
| 90両全て駆逐戦車エレファントに改造 | ティーガー1Eとなる。 |

注・○　VKはVollkettenkraftfahrzeug＝完全装軌車両の略
　　○　30は30トン級、45は45トン級を示す。
　　○　DWはDurchbruchswagen＝突破戦車を意味する

ジンと組み合わせた、電動変速器を導入した「ＶＫ４５０１（Ｐ）」を開発した。
　やがて、ポルシェ社とヘンシェル社の比較走行試験が行なわれ、性能の差は僅かなものだったが、陸軍兵器局は安定した従来型ガソリン・エンジン車であるヘンシェル案を採用した。
　しかしながら、設計者のポルシェ博士はヒトラーお気に入りの技術者の一人であったので、九〇両のポルシェ・タイプ（ＶＫ４５０１（Ｐ））が軍から発注された。
　この、九〇両のＶＫ４５０１（Ｐ）は三両の試作車両を別にして、すべて七一口径の長砲身八・八センチ砲を搭載した「駆逐戦車フェルディナンド＝のちにエレファント」となり、一九四三年夏の東部戦線クルスクの戦場へと送られた。
　なお、試作車三両は順に戦車回収車に改造されたとされる。
　一九四二年四月二〇日にラシュテンブルグ総統本営のヒトラーの面前で、二種の重戦車が披露された結果、正式にヘンシェル車両が選ばれた。
　なお、この重戦車開発の経過を整理すれば別表のようになる。

## 六号戦車ティーガー１Ｅ
## ティーガーAusf E (Sdkfz181)

　重戦車はヘンシェル社の「ＶＫ４５０１（Ｈ）」に決定され、ヒトラーはティーガー１Ｅの即刻生産を命じ、先行生産六〇両と一三〇〇両の大量生産準備も進められた。大戦中期の一九四二年八月から毎月一二両の生産ペースで、ヘンシェル社ミッテルフエルト（カッセル）工場で生産を開始したが、ヒトラーは一九四二年一一月までに毎月二五両の生産テンポに達するように増産を命じた。
　この生産計画は大戦末期の一九四四年八月まで二年間続き、一九四四年四月のピーク時には、毎月一〇四両が工場から前線に送られるようになる。車体番号はＮｒ・２５０００１〜Ｎｒ・２５１３５０までで総生産数は一三五四両だった。
　当初、名称はヘンシェル車両を「六号戦車ティーガーAusf E」と呼び、ポルシェ社の車両は単に「ティーガー＝虎」と称された。また、大戦末期の一九四四年二月二七日以降は、ヒトラーの命令で「ティーガーＥ」と称するようになったものの、その前からすでにそう呼ばれていた。
　巨大なティーガー戦車は大戦中期の一九四二年後半から戦線に投入されたが、抜きん出た存在で連合軍にとってもっとも手強い戦車となった。
　重量は五六トンを越え、全長は八・四五メートル、前面装甲は一〇〇ミリ厚、そして、強力な八・八センチ戦車砲を装備していた。反面、非常に高価格で多くの製造工程を必要としたために大量生産が難しかった。
　やがて、一九四四年一月から、ティーガー１Ｅより優れた「ティーガー２Ｂ＝ケーニクス・ティーガー＝王虎」が生産に入り、同時に生産を容易にするために五号戦車パンターとの部品の共用化が図られたが、一九四四年八月までティーガー１Ｅはティーガー２Ｂと平行して生産が続けられた。

## 構造・装備

　ティーガーは大型の重戦車だったので進歩した設計が行なわれた。重装甲板の組み立てを単純化するために車体は可能な限り

最初の二五〇両以外は二三・八八リッターの「マイバッハHL230P45」六九四馬力のエンジンを搭載した。写真は気化器と燃料系統を整備中である。

ティーガー1Eの操縦席で半円ハンドルタイプの操縦装置と座席左右には2本の非常時用の操縦レバー、そして、右側に簡素な計器板が見える。

垂直区画とし、機械加工の装甲板が使用された。それまでのドイツ戦車は外版と内部構造部をボルトで接続していたが、ティーガーでは外板と内部構造全体に溶接方式を用い、車体前面と後面の装甲板は「噛み合わせ」方式で溶接されて耐弾性を高めていた。

内部は四つに区分され、前方二つは操縦手と砲手／無線手、中央は戦闘室で後部はエンジン区画である。車内の前方左側に操縦手、右に無線／機銃手、砲塔内左側に車長、右に装填手、その前方に砲手が位置する。油圧式操縦装置を用いて走行するが、緊急時用に二本の操縦レバーが操縦手の側部に配置されていた。戦車の停止は足踏み式のディスク・ブレーキを用い、駐車ブレーキはブレーキ・レバーを引く方式である。

カッセルのヘンシェル社におけるティーガー1Eの生産ライン。生産数は1942年に78両、1943年に649両、1944年に623両だった。

ヘンシェル社の工場から輸送される新品のティーガー1E。右側貨車上は最強といわれた8.8センチPak43対戦車砲である。

車体前面には操縦手用の滑動式の装甲覗視口（覗き窓）があり、操縦席前方垂直装甲板上に取り付けられた手動回転輪によって開閉を行なった。外部観察用のエピスコープ（実物投影機）は操縦手と無線手の脱出ハッチに固定されていた。ドイツの標準型ジャイロ方向指示機と計器パネルは操縦席の左右に位置し、二つのギア・ボックスは前方の乗員区画に配置された。

　七・九二ミリMG34機銃は、前面装甲板に自在に動く球形銃架とともに取り付けられ、機銃射撃用のKZF望遠照準具が付属していた。また、無線機器は無線手の左方側の棚に設置された。中央の戦闘区画は前方区画と分離され、後部エンジン区画と隔壁で区分されていた。

平貨車上で幅一杯の五二センチ輸送用履帯を装着し前方には七二・五センチの戦闘用幅広履帯が置かれ下車地点などで交換した。

　エンジンは最初の二五〇両が二一・三三リッターの、「マイバッハHL210P45ガソリン・エンジン」で六四二馬力を発生するが十分なパワーが得られず、一九四三年一二月から、より強力な二三・八八リッターの「マイバッハHL230P45」と交換された。このエンジンは毎分三〇〇〇回転時に六九四馬力を発生するもので、あとに続く「ティーガー2B」とパンター戦車の最終型だった「G型」にも装備されたものである。

　ティーガーは車両重量を適正配分するために、走行装置は皿型の大型転輪を用いる挟み込み式（三重に重なる）を用い、各転輪の周囲にはゴムを使用していたが、大戦末期の車両番号「二五〇八二二」以降（一九四四年初期）は全鋼製転輪に代えられた。また、車両の各側部には八個の「独立スプリング・トーション・バー」を用いて戦車の重量を支え、全長が長くて良い乗り心地と安定した走行性能を提供した。しかし、重複式転輪は冬期戦場の悪路、泥濘、氷雪により車輪間が詰まって走行を妨げ、その欠点を知ったソビエト軍は、ティーガーが動けなくなるタイミングを狙って攻撃を仕掛けた。

　先にも触れたが、ティーガーの履帯は戦闘と輸送用の二種を用い、戦場で七二センチの幅広戦闘用履帯を使用する際に、可動

ティーガーの前半生産493両は水深４メートルの河川を渡河できる潜水装置を備えていた。後部デッキに突出するのは空気吸入シュノーケル筒である。

型履帯カバーが装着されるなどの細かい変更があった。
他方、初期生産型のティーガーには、塵埃除去用の「ファイフェル空気清浄装置」を車体後部に装備してエンジンに接続していた。これは、ティーガー（Tp＝熱帯）と呼ばれていたが、一九四三年前半にコスト削減と生産簡易化のために廃止された。
初期型ティーガーは橋梁を通過するには重すぎたので、約四メートルの渡渉能力を付与されていた。このために、乗員の出入口（ハッチ）、吸・排気口や解放口は密閉され、砲塔リング周囲のゴム環へ空気を注入して膨張させて水の侵入を防いだ。空気の給・排気は戦車の後部の上面デッキに突出させた「シュノーケル筒」を用いて行ない、新鮮な吸気は戦闘室を通過してエンジン区画へ導入された。
水中ではラジエター（放熱）区画に水が入ってエンジンを冷却し、排気はエンジンからの排気圧力によって片道バルブ（反跳弁）を経由して水中に出す。しかしながら、この装置が実際に用いられることは少なかったので、四九五両を生産したのちに製造簡易化のために省かれ、実際の渡渉能力は一・二一メートルとなった。
初期ドイツ戦車はクラッチとブレーキを用いる操縦方式だったが、ティーガーのような重量級戦車では別の方式が必要となり、ヘンシェル社は英国のメリット・ブラウン型の操縦装置を採用した。初期メイバッハ・タイプの変速機をベースにした、オルバー前進八速後進四速プレセレクター（自動変速）と最新の操縦装置により、操作性は軽くて取り扱いが容易な特徴を有していた。操縦装置は戦車の前方に配置され、最終減速歯車は前方の起動輪に取り付けられた。
ティーガーの諸機器、操縦装置、トランスミッションなどの構造レイアウトは伝統的なドイツ戦車方式で、油圧駆動の砲塔回転装置は砲塔の床に設置され、全体的によく考えられた設計だった。
強力なティーガー戦車だったが幾つかの短所もあった。熟練した乗員が運用すれば威力ある戦車となるが、訓練不足の乗員と悪い保守管理が重なると長所を生かすことはできなかった。ことに履帯の交換方式は実用的でなく、燃費も一・六キロ走行あたり一二・五リッターを必要とし、航続距離は一四〇〜一五〇キロと短かった。また、砲手と車長が操作する「油圧」と「手動」のいずれも砲塔回転速度が遅く、戦闘時、目標を捕捉する際に影響を与えたことなどが挙げられる。
戦争の長期化と資材繰りの悪化は、ティーガー戦車の生産コストの削減と製造時間の短縮要求となった。そのほか、極初期型の砲塔に二個のピストル発射口が設けられていたが脱出口はなかった。その後の生産型では砲塔左後部に脱出ハッチが設けられた。
また、初期のティーガーは五発装塡の「Sミーネ＝対人地雷」発射機を砲塔上部に搭載していた。この「Sミーネ」は対戦車磁気地雷や、棒状地雷の歩兵攻撃を防ぐ対人地雷の一種だが、長さ一二センチで幅一〇センチの「ジャム壺」のような形状をしていた。発射機から空中に九〇センチ〜一・五メートルほど飛ばして破裂させ、格納鋼球を三六〇度全域にばら撒いて周囲の兵士を殺傷するが、装備簡素化により廃止され、代わって砲塔左右側面の前方へ向けて「NbK39」九〇ミリ煙弾発射装置が装備された。なお、砲塔後部には二個の格納箱があり、乗員の寝具、糧食、私物などを収納したが、後期生産型では一個になったり省略されたりした。
　このように、ティーガーはさまざまな理由により、生産中に各種の変更が加えられた結果、一般的に前期型と後期型とに分けて見ることができる。

## 主砲・機銃・砲塔

　八・八センチ（KwK36）戦車砲は「対空砲Flak18／36」から発展させたもので弾道性能は一緒である。戦車砲のための主要な改修点は、発射の反動を減ずる効果を持つマズル・ブレーキ（砲口制退器）を取り付け、トリガー（引金）による電気発射方式にした点だった。
　八・八センチ砲の薬室（砲弾装填部）は他のドイツ戦車と同じく半自動装填式である。長く重い砲身は砲塔左側の筒の中に格納された、大型のコイル・スプリングによってバランスを保ち、砲の俯仰（上下）は砲手の左右にある手動輪により行なうが、車長が緊急時に用いる手動輪も併設されていた。
　砲塔内にある「籠型」戦闘室の床は、砲塔から下がる三本の鋼管で支えられて砲塔と一緒に回転するが、長大な八・八センチ主砲の砲尾が砲塔内後部の壁まで達して内部を二分割していた。油圧駆動による砲塔回転は砲手の右足踏板で操作する。砲塔は重量があり回転（油圧と手動の二系統）には低速回転ギアを用い、砲塔位置の表示はダイアル式だった。手動の場合、三六〇度回転するには、砲手が手動輪を七二〇回も回転させねばならず、また、動力ペダルを用いても相当な負担がかかった。
　この欠点を突いて中型の連合軍戦車が忍び寄り、ティーガーに先んじて初弾を側面あるいは後部に命中させる戦法を用いた。
　主砲は「TZF9b」照準望遠具を用い、主砲の八・八センチ砲弾は戦闘室側面と戦闘室床下などに格納され、携行弾数は九二発で機銃弾は四八〇〇発だった。
　七・九二ミリMG34機銃が主砲の左側に同軸（主砲と並んで）に取り付けられ、足踏み式ペダルにより銃手が操作する。車体と同様に砲塔も前面一〇〇ミリ、後・側部八二ミリの装甲板による馬蹄形の単純構造で、頂部は二六ミリ厚の嵌め込み溶接である。キューポラ（車長ハッチ）は二種あり初期型は五ヵ所の覗視口を持つ円筒形で、もう一種は五号戦車パンターに装備されたものと同じで、六個のエピスコープ（実物

砲塔内戦闘室を二分する八・八センチ戦車砲の砲尾部分。砲尾右側の筒は衝撃吸収用の駐退複座装置。その右は同軸装備のMG34機銃で砲尾左上に光学式照準具が見える。

投影機）を装備したものである。これは、大戦後半の一九四三年末ころ、ティーガー戦車のキューポラ部品が不足して、パンター戦車と部品を共通化した事情からである。

### ティーガー1Eの派生型

○ティーガー指揮戦車
（Pz Bef Wg Tiger Ausf E-Sdkfz267/268）

二種あったティーガー指揮戦車の外形は標準型と変わらず、特別な無線アンテナを搭載して少数製造されただけである。「Sdkfz267」の方は「FuG5／10ワット送信機」と「FuG8／20ワット送信／短波受信」用の無線機を搭載した。一方、「Sdkfz258」は「FuG5」と「FuG7／20ワット送信／極超短波通信」無線機を組み合わせて搭載した。

○ベルゲ・パンツァー・ティーガー（戦車回収車）
（Berg Pz Tiger Ausf E/Sdkfz185）

この車両はティーガー戦車支援の牽引車両で、一両あるいは数両が戦車回収車として改修されたと推定されるが、正式な名称は確認されていない。ティーガー戦車の主砲を撤去するとともに砲塔防盾部を閉鎖し、砲塔を六時方向に固定して砲塔後方にウインチを搭載した。また、前方にワイヤ・ロ

ベルゲ・パンツァー・ティーガー（戦車回収車）で少数が前線で改造されたとされる。なお、戦車研究家のT. Jentz氏によれば五〇八重戦車大隊の地雷処理車だとしている。

ティーガー1Eの派生型突撃ティーガーの試作型で市街戦用突撃戦車として「38センチRW61」ロケット臼砲を搭載して18両が製造された。

ープ・ガイドを加えたが、前線において改造されたものとされる。

○シュトゥルム・ティーガー（突撃ティーガー）

（38cm RW61 Ausf Stu Mrs Tiger）

この車両はティーガー・メルツァ（ティーガー臼砲）などとも呼ばれ、海軍がUボート搭載用に開発した三八センチ「RW61」ロケット臼砲を、ティーガーを改造して搭載したもので重量は六五トンあり、一九四四年一二月に一八両がアルケット社で製造された。重装甲機動突撃砲として要塞に集結した部隊を攻撃するほか、市街戦用突撃戦車として開発され、一九四四年後半に部隊に配備し、大戦末期のドイツ本土防衛戦に少数が投入されたが、低速で扱い難い上に戦術的価値が薄くて重要な役割を果たせなかった。

計画のみの派生型

○ラム（衝角）ティーガー（P）

この型はポルシェ・ティーガーの車体に「亀甲型重装甲戦闘室」を搭載し、市街戦の際に邪魔な建造物を破壊しようとするものだった。このアイデアはヒトラーがスターリングラードの攻防戦における市街戦の様相から思いつき、ポルシェ博士が木型模型を製作したが計画は中止された。

○計画車両

数本のドーザーを装備した「重ブルドーザー」として用いる市街地整備用の車両や、巨大な口径四二センチ臼砲を搭載する「自走砲」、あるいは砲塔を撤去して「二四センチK4重野砲」の牽引車にするなどのペーパープランがあったが実現しなかった。

○ティーガー2Bの開発

ティーガー1E生産中の一九四二年八月に、ヒトラーはティーガーの主砲よりも威力のある長砲身（ティーガー1Eが長さ四・九三メートルでティーガー2Bは六・二五メートル）の八・八センチ戦車砲を搭載し、前面装甲を一五〇ミリ（ティーガー1Eは一〇〇ミリ）に強化する新型ティーガーを、一九四三年一月までに部隊に装備するように要求した。しかし、ティーガー1Eはこの砲を搭載することができずに新戦車が開発されることになった。

陸軍兵器局はヘンシェル社にティーガー1Eの箱型車体を傾斜装甲車体に変更することを指示し、同時にティーガー生産会社のヘンシェル社と、五号戦車パンターの生産会社であるMAN社に対して、両戦車の部品構成を可能な限り互換性を持たせるように要求した。

こうした流れの中からパンター戦車に良く似た「VK4502」が開発される。ポルシェ社にも設計案の提出が求められ「VK4502（P）／ポルシェ・タイプ180」が設計された。ポルシェ案の車体はコンパクトでパンター戦車のような傾斜装甲板を有し、砲塔を車体前方か後方に搭載する二案の中から後方砲塔搭載案が採用された。

ポルシェ博士はかねて設計していたガソリン／電動駆動方式と、二個一組の転輪を縦型トーション・バーで支える懸架方式を提案したものの、陸軍兵器局第六課は信頼性の理由のために従来型のガソリン駆動エンジンを選び、ポルシェ社には電動モーターに用いる銅材不足を理由として不採用を通知した。

他方、主砲は「八・八センチKwK（戦車砲）43・L／71（口径）」と決定されていたので、ポルシェ社の先行発注によりウェグマン社ですでに砲塔五〇基が完成していた。この砲塔は「ポルシェ砲塔」と称される複雑な流線型で、避弾径始（対弾性）の良いものであったが量産には不向きな砲塔だった。

（注・口径とは砲の内径を指す。ティーガー1Eの主砲は八・八センチKwK・L／56（口径）で、五六口径×八・八センチ＝砲の長さ四・九二八メートル。ティーガー2Bは七一口径×八・八センチ＝砲の長さ六・二四八メートルでより強力になった）

## ○VK4502（MAN）

一方、MAN社のVK4502計画は実プランとして陸軍兵器局に受理され、設計と生産計画が進捗するが、これは、5号パンター2戦車となって車体のみ完成するが、生産に入ることはなかった。

## ○VK4502（H）↓VK4503（H）

ティーガー2Bの試作型は「VK4503（H）」と呼ばれた。競作で敗れたポルシェ社製の車体用に50基先行製造された「ポルシェ砲塔」を搭載している。

片や、ヘンシェル社の「VK4502（H）」は理論的にはティーガー1Eの発展型だが、MAN社のVK4502（MAN）の発展型「パンター2」との部品共用のため、新たにMAN社との共同作業により、新戦車VK4503（H）の開発へと進んだ。これは車体の装甲を傾斜させて対弾性を高め、大型の砲塔に七一口径の八・八センチ砲を搭載する従来型ガソリン駆動方式の戦車であり、高い優先順位を獲得して「ティーガー2B」として生産を命じられることになる。

## ○ティーガー2B（Pzkfpfw Tiger2／ケーニクス・ティーガー（王虎）（Sdkfz182）

ティーガー2BはMAN社で開発中のパンター2型との部品の共用化など、大規模な設計変更と追加作業のために、一九四三年一〇月まで設計が完了しなかったが、翌一一月までに先行生産準備が整い、一二月からヘンシェル社のカッセル工場内で、既存のティーガー1Eの生産ラインと平行して生産準備が開始された。

実際の生産は一九四三年二月からだが、最初の生産ロットには既述のポルシェ社の「VK4502（P）」用にウェグマン社が製造した砲塔（ポルシェ砲塔）五〇基が搭載され、外形が異なるものの基本的に同じ車両である。しかし、以降は量産向きの単純曲線で構成される、クルップ社設計の「ヘンシェル砲塔」を搭載した生産型へと移行する。この砲塔は「ポルシェ砲塔」の欠点を改良して、砲防盾下に簡単な砲弾破片防止措置を施した。

「ティーガー1E」の後期型と「ティーガー2B」はエンジン、車長キューポラ、エンジン・カバー、静音金属製転輪など五号戦車パンターの最終タイプである「G型」と共通化された。

ヒトラーの指示どおりに、ティーガー2Bの前面の装甲厚は一五〇ミリで、重量はティーガー1Eの五六トンに対して六八トンと一二・二%も増加し、全長も八・四五メートルから一〇・三メートルと一回り大型になった。

長砲身の八・八センチ砲の基部には、命中砲弾を逸らす円錐形のザウコプフ（豚の鼻）と呼ばれる装甲防盾が装備された。前面装甲板には機関銃と球形の自在架があり、走行装置はティーガー1Eの「挟み込み式転輪」から「互い違い式転輪」に変えられた。これは、ティーガー1Eの泥と氷雪が詰まる車輪問題を克服するためだった。

ドイツが破局に向かいつつある一九四四年秋に、資材不足と生産効率上の問題から生産中の五号戦車G型パンターと、ティーガー2Bの二種のみを集中生産することになった。しかし、工程数と使用資材において「ティーガー2B」を一両生産するのは、五号戦車G型パンター二両を生産するのと同じであり、最終的な生産努力はパンター戦車に集中された。

ティーガー2Bの生産計画は、月間一〇〇両から一四五両にまで増加するはずだったが、一九四四年八月の段階の月産八四両が最高であり、ドイツ敗戦直前の一九四五年三月の時点では月間二五両に過ぎなかった。

ティーガー2Bは二次大戦中の実用戦車の中では最重量級であり、最初に戦闘に投入されたのは一九四四年五月の東部戦線だった。続いて一九四四年夏の西方戦線の、英米軍によるノルマンディ上陸戦直後の八月である。長大な八・八センチ砲は威力があり強装甲だったが、速度は最高時速三五キロ（実際の時速は一五〜二〇キロ）と戦術

50両以降はクルップ設計の単純曲線構成のヘンシェル砲塔が搭載された。両方を比べてみるとその違いがわかる。

ティーガー2Bの派生型「ヤークト（駆逐）・ティーガー」で77両が完成し大戦末期に二つの重駆逐戦車大隊が編成された。

的柔軟性に欠け、エンジンの短命さと変速機の信頼性不足も指摘された。しかし、実際にはこれらの要素が前線で大きな影響を及ぼすことはなかった。

　ティーガー2Bはティーガー1Eで編成された重独立戦車大隊（武装親衛隊および一部の国防軍戦車擲弾兵師団）などに逐次配備され、東西両戦線の最後の防御戦に投入されたが、重要な戦術的局面で良く活動したのはティーガー1Eの方である。車体番号は「Nr・280001～Nr・280489」で、一九四四年二月～一九四五年三月までに四八九両がヘンシェル社で生産された。うち、最初の五〇両は既述のウェグマン社製「ポルシェ砲塔」搭載型で、残りはクルップ社砲塔「ヘンシェル砲塔」搭載型である。

○ティーガー2B指揮戦車

　ティーガー2B指揮戦車は搭載無線装置と外部アンテナが通常型と違い少数製造されただけだった。

○駆逐戦車タイプ（ヤークト・ティーガー）

　ティーガー2Bをベースとした駆逐戦車ティーガーAus B（Sdkfz186）が製造された。これは巨大な一二・八センチ砲を箱型装甲戦闘室に搭載し、重量は七六トンという二次大戦中最大の装甲戦闘車両となり一五〇両発注され、七七両（一両はポルシェ懸架装置）が一九四四年～四五年初期までに完成した。本車によって第六五三と第五一二重駆逐戦車大隊が編成されて大戦末期にドイツ本土の防衛に当たった。

ティーガー部隊の編成と戦術

　別表に示すようにティーガー1E戦車が、一九四二年八月以降部隊に配備された数はたった六九両（生産数の四％）で、一九四三年が五九七両（四二％）、一九四四年は七一九両（五一％）、一九四五年は五両（四％）であり、実際に活動したのは一九四三年の後半以降の戦場である。

　このように生産テンポは遅く、当初考えられた戦車師団に重戦車大隊を配備する計画を実行することができず、軍や軍団直轄の独立重戦車大隊として逐次編成して戦場に投入していったが、広大な戦線にばら撒かれたティーガー戦車は少ないものだった。

（別表・ティーガー1&2戦車生産数と供給状況参照）

　当初、ティーガー部隊は重戦車中隊（九

両）編成からスタートするが、その基本は重戦車小隊三個（各三両）から構成され、のちに拡大されて重戦車中隊に一〇両の三号戦車が配備された。最初に編成された第五〇一、五〇二、五〇三の三個重戦車大隊は、ティーガーと三号戦車を組み合わせて戦場に送られたが内容的に一律ではなかった。

たとえば、五〇二重戦車大隊第二重戦車中隊は二個小隊編成で、四両のティーガーと五両の三号Ｎ型戦車（七・五センチ短砲身装備の近接支援戦車）を有し、ほかに本部中隊に一両のティーガーが装備されていた。

五〇一重戦車大隊重戦車中隊の場合は、ティーガー二両と三号Ｎ型戦車二両からなる四個小隊のほかに、一両のティーガーと二両の三号Ｎ型戦車からなる本部中隊があった。ほかに、重戦車大隊本部に軽装甲装軌車（Ｓｄｋｆｚ２５０）を配備して、偵察や伝令などの任務に当てるようになった。

最初、五〇一、五〇二独立重戦車中隊が編成され、やがて前者は五〇一独立重戦車大隊になり、続いて両重戦車中隊を中軸として五〇二と五〇三重戦車大隊が編成された。そして、装甲部隊育ての親である、グデーリアン大将が主導して四五両のティーガーによる重戦車大隊の創設が決まった。これは三両のティーガーを有する大隊本部と、一四両のティーガーによる三個重戦車中隊で構成され、この編成は大戦末期まで維持された。

ティーガー部隊は一一個重戦車大隊が創設され、国防軍は五〇一～五一〇重戦車大隊のほかに「グロス・ドイッチュラント」（ＧＤ）戦車連隊第三戦車大隊があった。一九四三年一〇月に武装親衛隊（ＳＳ）にＳＳ一〇一～ＳＳ一〇三の三個重戦車大隊が創設された。ほかに地雷原突破のための支援部隊として、Ｂ４無線操縦小型爆薬運搬車（Ｓｄｋｆｚ３０１）を装備した、三個戦車中隊（無線）と第三〇一戦車大隊（無線）が追加配備された。

しかし、前線では戦況に合わせて随時編成と解隊を繰り返したほか、臨時に現地部隊に編入されたりした。大戦末期になると訓練用や実験部隊が使用したティーガー戦車が「マイヤー・ティーガー戦闘団」、あるいは「フンメル重戦車中隊」などに配備されて最後の戦闘を戦った。

## 一九四三年の重戦車大隊・中隊

武装親衛隊は一九四二年一一月一五日に三個重戦車中隊を編成して、ＳＳ第一、二、三戦車連隊に配備することになった。

国防軍五〇四重戦車大隊は一九四三年一月一八日に編成されたが、二〇両のティーガーと二五両の三号戦車（長砲身の五センチ砲搭載）を装備して、北アフリカ戦末期のチュニジア戦線に送られた。

第一三重戦車中隊は一九四三年一月一三日に創設されて第三重戦車中隊となり、これはのちにグロス・ドイッチュラント戦車連隊（ＧＤ）に入り、九両のティーガーと一〇両の三号（五センチ砲搭載）戦車で編成されていた。

五〇五重戦車大隊は一九四三年三月五日にティーガー四五両をもって創設され、大隊は二〇両のティーガーと二五両の三号戦車（五センチ砲）を装備して、一九四三年四月に東部戦線へ送られた。同じ時期の標準的な独立重戦車大隊は四五両編成で、重戦車中隊は本部車両ティーガー二両を加え、各四両のティーガーからなる三個小隊一四両で編成されていた。
　一九四三年七月一日に「グロス・ドイッチュラント戦車連隊第三重戦車大隊」が創設され、東部戦線の五〇二、五〇三、五〇五重戦車大隊本部はティーガー三両と、傘下の各重戦車中隊は一四両を定数とした。
一九四三年中のティーガーの増産による重戦車大隊の編成を纏めると次のようになる。
○一九四三年五月八日編成・五〇六重戦車大隊は第三三戦車大隊第三大隊より編成
○一九四三年九月九日編成・五〇九重戦車大隊
○一九四三年九月九日編成・五〇一重戦車大隊は第五〇一大隊の残存部隊より編成
○一九四三年九月二三日編成・五〇七重戦車大隊は第四戦車連隊第一大隊より編成
○一九四三年九月二五日編成・五〇八重戦車大隊は第八戦車連隊の残存部隊より編成
○一九四三年一一月一八日編成・五〇四重戦車大隊は第一八戦車大隊より編成
　第五〇六重戦車大隊は一九四三年九月に、四五両のティーガーを装備して東部戦線に送られ、第五〇八重戦車大隊は一九四三年一一月に四五両のティーガーを装備して東部戦線に到着した。SS重戦車大隊は一九四三年四月二二日に、SS第一戦車軍団（一九四三年六月一日にSS戦車軍団となる）が新設され、ここに配備される新SS重戦車大隊の三個重戦車中隊は、一九四二年一一月に東部戦線に在ったSS第一、二、三戦車連隊から編成された。
　一九四三年一〇月二二日にSS戦車軍団はSS重戦車大隊に「一〇〇番台」の呼称を与えて、SS一〇一、SS一〇二重戦車大隊となった。一九四三年一〇月二八日にSS一〇一重戦車大隊第一、第二重戦車中隊は、SS第一戦車師団「ライプシュタンダルテ＝LSSAH」とともに東部戦線に送られたが、本部中隊と第三重戦車中隊は西方戦線に残った。
　一九四三年七月一日に設けられたSS第一〇三重戦車大隊はグラウフェンウールで第一一SS戦車連隊の第二戦車大隊を基幹として編成された。この重戦車大隊は一九四三年八月から一九四四年一月初旬まで、東欧のユーゴスラビアで活動したのち、一九四四年一月に西欧州のオランダへと移動したが、一九四三年一一月末になっても完全編成にならなかった。

### 一九四四年の重戦車大隊と重戦車中隊

一九四三年中に五個ティーガー重戦車大隊が、創設あるいは再編成されて各大隊は四五両のティーガーを装備して戦場に送られた。
○一九四四年二月編成・五〇八重戦車大隊・主戦場はイタリア戦線
○一九四四年三月編成・五〇七重戦車大隊・主戦場は東部戦線
○一九四四年六月編成・五〇四重戦車大隊・主戦場はイタリア戦線
○一九四四年六月編成・SS一〇一重戦車大隊・主戦場は西方戦線
○一九四四年六月編成・SS一〇二重戦車大隊・主戦場は西方戦線
　なお、一九四四年五月二五日に五〇三重戦車大隊は東部戦線から再編のために呼び戻されて、一ヵ月後の六月に三三両のティーガー1Eと一二両のティーガー2Bで再装備された。一九四四年夏は英米上陸軍のノルマンディ戦線が拡大するが、ティーガー部隊の輸送遅延により、四四年七月一一日になってから戦闘に参加している。五一〇重戦車大隊は一九四四年六月六日に編成されたが、この日、ノルマンディに連合軍が上陸している。その後、一九四四年七月一九日に五一〇重戦車大隊は東部戦線の中央軍集団へ送られた。

ティーガー2Bによる完全編成

一九四四年夏にソビエトは全面的な夏季攻勢を実施し、同年七月に五〇一重戦車大隊は再装備のために本国へ戻り、四五両のティーガー2Bが供給され、同年八月六日に東部戦線の北方軍集団に配備されることになった。

五〇三重戦車大隊第三中隊とSS一〇一重戦車大隊は、各一四両のティーガー2Bを装備して、一九四四年七月下旬から八月初旬にかけて西方戦線へ送られた。また、一九四四年一二月八日に重戦車中隊「フンメル」は五〇六重戦車大隊に合併されて、同年一〇月一四日にハンガリーのブダペストへ送られた。

五〇五重戦車大隊は一九四四年七月七日にオーアドルフ演習場で再編され、四五両のティーガー2Bを装備して、九月一一日に東部戦線のポーランド・ワルシャワ付近のナシェルスクに配備された。五〇六重戦車大隊は一九四四年八月一五日に東部戦線から再編のために、ドイツのパーダーボーンに戻って四五両のティーガー2Bを装備し、九月二二日にオランダへ送られて、アルンエムの河川にかかる橋梁群を確保しようとする英軍と戦った。同年九月九日に西部戦線の五〇三重戦車大隊はパーダーボーン付近のゼンネラーガーで再装備されることになり、そこで四五両のティーガー2Bを装備している。

一九四四年九月九日、SS一〇一（のちにSS五〇一となる）重戦車大隊はゼンネラーガーで再装備の命令が下り、一二月五日に四五両のティーガー2Bを装備して西方戦線に送り出された。他方、一九四四年一一月に既存のティーガー1E部隊の装備や編成変更が実施され、SS重戦車大隊はSS五〇一（もとSS一〇一）、SS五〇二（もとSS一〇二）、SS五〇三（もとSS一〇三）となった。

これに伴い混乱を防ぐために、一九四四年一一月二七日に国防軍五〇一重戦車大隊は四二四重戦車大隊に、一九四五年一月五日に五〇二重戦車大隊は五一一重戦車大隊に、そして、一九四四年一二月二一日に五〇三重戦車大隊はFHH（フェルトフェレンハレ）重戦車大隊に変更された。

一九四四年九月二〇日にパーダーボーンで重戦車中隊フンメル（指揮官フンメル中尉）がダンキルヒェン警戒部隊と五〇〇二重戦車補充大隊の二つの部隊から編成され、一四両のティーガー1Eを装備してオランダのアルンエムに送られた。この重戦車中隊は一九四四年一二月一八日に五〇六重戦車大隊第四中隊となった。

ティーガー無線操縦部隊は遠隔無線操縦方式の「B4爆薬運搬車」を装備して、ティーガー戦車のための地雷原の処理や、強固な陣地の爆破などを任務として、一九四三年後期から一九四四年初期まで三個無線操縦戦車中隊があった。

三一六戦車中隊（FKL＝無線操縦）は戦車教導師団、三一四戦車中隊（無線）は五〇四重戦車大隊、三一三戦車中隊（無線）は五〇八重戦車大隊に配備された。なお、三一六戦車中隊はのちに戦車教導師団の一四両のティーガー2Bを有する重戦車中隊となり、ほかの中隊ものちにティーガー装備の中隊となるなどその編成の変遷は激しい。

## 一九四五年のティーガー大隊

五〇九重戦車大隊は一九四四年九月に東部戦線から再装備のために本国に戻されていて、同月中に供給予定だった一一両のティーガー2Bは、先にSS五〇一重戦車大隊へ引き渡され、さらにヘンシェル社の生産遅延により、五〇九重戦車大隊が四五両のティーガー2Bを受領したのは、一九四四年一二月五日から四五年一月一日の間になり、その後ハンガリーへ送られて同年一月一八日から防御戦闘に加わった。

SS五〇三重戦車大隊は一九四四年一〇月二九日に四両のティーガー2Bを受領したほかに、SS五〇二重戦車大隊から六両のティーガー2Bを獲得している。一九四五年一月一一日から二五日までに、二九両のティーガー2Bがヘンシェル社の工場で生産され、SS五〇三重戦車大隊は合計三九両を装備し、一九四五年一月二七日に東部戦線で最後の抵抗を続けるヴァイクセル軍集団へ送られて戦闘で消耗する。

SS五〇二重戦車大隊は一九四四年九月九日に、センネラーガーでティーガー2Bへの再装備が予定されたが、少ない生産車は先にSS五〇三重戦車大隊へ回された。このため、一九四五年三月六日までにやっと三一両のティーガー2Bが配備され、すぐに東部戦線中央軍集団に送られ、三月二二日にウィーン近郊のザクセンドルフで戦闘に入った。

五〇八重戦車大隊はイタリア戦線に在ったが、一九四五年二月四日に一五両のティーガー1Eを五〇四重戦車大隊へ譲渡して、ティーガー2Bを装備するためにドイツへ戻った。

五〇七重戦車大隊は一九四五年一月～二月に東部戦線から、再編のためにゼンネラーガーへ戻り、三月中に三一両のティーガー2Bで再装備される予定だったが、一九四五年三月三一日までに一〇両のティーガー2Bを受領できたのみだった。また、同大隊は五一〇、五一一重戦車大隊の残存三個中隊から六両のティーガー2Bを得ている。このために戦力は二一両となって同大隊はドイツ本土の防衛戦に投入された。

ドイツの戦況はますます逼迫して余裕をなくし、一九四五年三月三一日に五一〇と五一一重戦車大隊はヘンシェル社の工場から。最後の一三両のティーガー2Bを直接受領して両大隊の各第三中隊に配備した。このために両中隊は三月三一日の時点でティーガー2Bを各八両保有したが、うち一二両が新規生産車だった。一九四五年四月一日のカッセルの戦闘で各中隊は七両のティーガー2Bを保有し、追加された三両のティーガー2Bは連合軍機の爆撃で失われた。

五〇七重戦車大隊は一九四五年四月一六日に五〇八重戦車大隊の残余とともにチェコのプラハへ移動した。同年四月一七日に五〇七重戦車大隊は駆逐戦車大隊に転換されることになり、名称も「五〇七戦車大隊」となり、一九四五年四月二五日に駆逐戦車38（t）「ヘッツァ」を装備するという計画だったが実行できなかった。

## 予備部隊の投入

一九四五年三月一日に訓練用の予備戦車、ティーガー1Eの三八両とティーガー2Bの一七両が残っていたが、機械の状態が悪くて作戦に用いることは出来なかった。しかし、東西から迫る連合軍に抵抗するために、窮余の策として不完全な戦車が前線に投入された。

五〇〇戦車訓練大隊は三号戦車四両、パンター戦車五両、ティーガー戦車一七両をもって一九四五年四月二日に、戦車訓練戦闘団「ヴストファーレン」の指揮下に入り、同時に数両の試作戦車なども加えられた。

一九四五年二月一七日に三個戦車中隊の三一両の戦車により、戦車大隊「クマースドルフ」が編成されるが同年三月一二日に同大隊は保有戦車を戦車師団「ミュンヘベルグ」第二九戦車連隊第一大隊へ引き渡した。

（各重戦車大隊の概略は別表ティーガー重戦車大隊データを参照されたい）

○戦術

一九四三年五月二〇日に発出されたティーガー戦車の戦術マニュアルには概略以下のように述べられている。

重戦車大隊は大隊長に率いられ、攻撃第一波として敵戦線を迅速に突破して浸透するのに用いられる。先鋒部隊として進む重戦車中隊は陸軍戦車部隊の中核戦力で、強火力、強装甲、そして機動力をもって敵戦車や装甲車両を徹底的に撃破し、強固な防衛線を突破するのを任務とする。（実際には時期が防御戦であり、数量、機動力の不足などでそのように使用されなかった）

重戦車中隊（戦闘中隊）は中隊長に率いられ、中隊指揮本部は二両のティーガーと、四両のティーガー戦車を装備する第一から第三までの三個重戦車小隊で編成される。

敵の装甲戦闘車両や強固な陣地の砲眼の破壊には徹甲弾を使用し、抵抗拠点の対戦車砲、野砲、あるいは敵部隊の隊列攻撃には榴弾（高性能炸薬榴弾）を用いる。長射程の八・八センチ戦車砲は照準具を用いれば射程九〇〇〇メートルが得られる。さらに、敵砲兵や目標が多数の場合は、好視界下において有効射程五〇〇〇メートルも可能である。

停止して八・八センチ砲を射撃する時は、前面装甲（もっとも厚い）を敵に向ける。しかし、戦車を低い位置（秘匿）に置いた場合、八・八センチ砲弾（平伸弾道＝平らな弾道）の発射時は前方に展開する味方部隊に注意を払う必要がある。砲塔と車体前面に搭載された機関銃は、近接戦闘時に非装甲目標を攻撃するためだが、集結部隊などを目標とするときは距離八〇〇メートル以上で用いる。

○編成・機動・行進

戦車小隊は小隊長に率いられて戦闘を行なうが、無線（あるいは信号）により中隊長の指揮を受ける。小隊には四両のティーガー戦車が配備され二つの班（Halbzuege）に分けられ、小隊長は第一班（1・Haulbzug）を指揮し、班長（Halbzugfuehere）は第二班（2・Halbzug）を指揮する。

ティーガー戦車小隊と中隊の基本隊形は四種ある。

①「ライエ＝Reihe＝縦列」は「縦隊」にて終結地へ向かう行進隊形だが、行進時の各車の間隔は二五メートルで集合時は一〇メートルである。

②「リーニェ＝Linie＝横隊」は横一線の隊形にて集合の場合に用いる。

③「ドッペルライエ＝Doppelreihe＝二重縦隊」の基本は四両を二両に分け、二本

小隊ライエ（縦列）

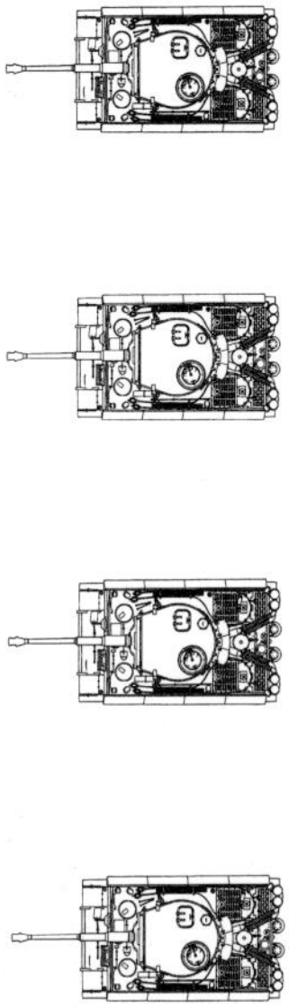

小隊リーニェ（横隊）

小隊ドッペルライエ
（二列縦隊）

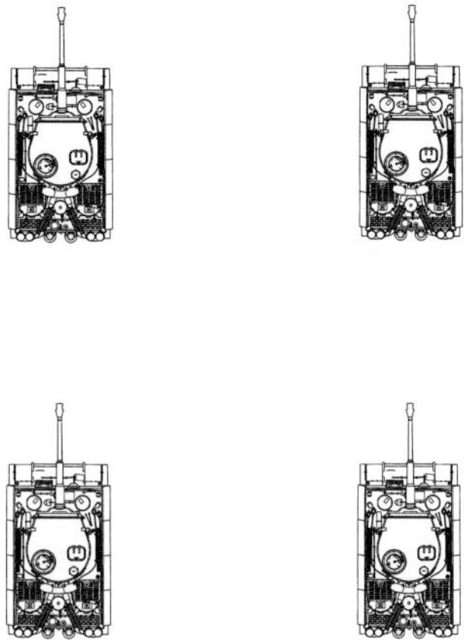

小隊カイル（楔隊形）

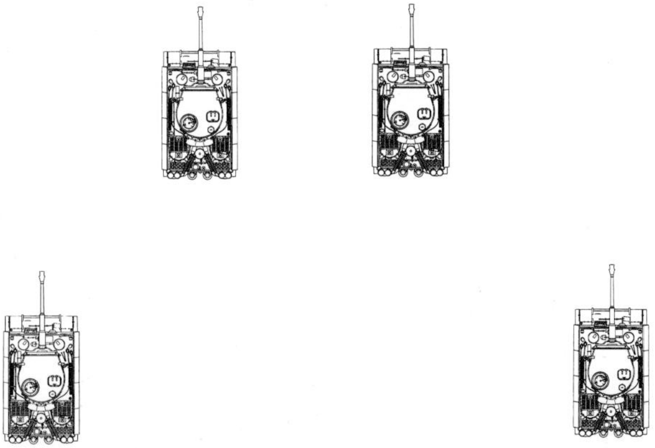

中隊ブライトカイル（幅広楔隊形）

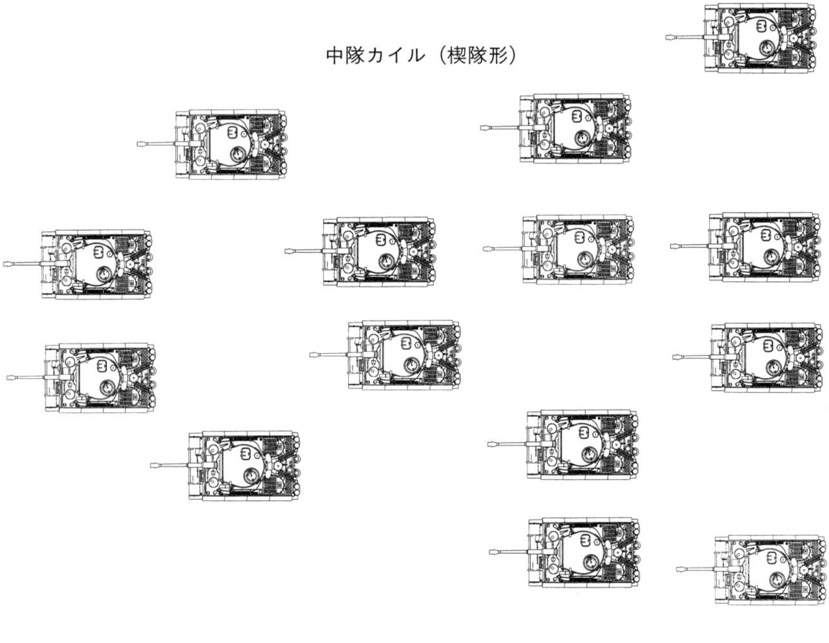

中隊カイル（楔隊形）

の縦列を組んで接敵行進と攻撃で使われるが、横の車両との間隔は一五〇メートルで、後続車両との間隔は一〇〇メートルである。

④「カイル＝Keirl＝楔隊形」は文字通り矢型になるもっとも有効な攻撃隊形で、戦闘時に各車は前方と側面車両との間隔を一〇〇メートルとする。戦闘中に小隊長は地形と状況に応じて小隊をベストな位置へと機動させる。

ティーガー戦車中隊の基本隊形は次のとおりである。

①「コロネ＝Kolonne＝三列縦隊」は三列縦隊で集結のための行進時に用いる。

②「ドッペルライエ＝Doppelreihe＝二重縦隊」は小隊隊形と同じく長い二本の縦列で接敵行進時に用いる。

③「カイル＝Keil＝楔隊形」は狭い攻撃隊形で中央に指揮車両二両を囲み、周囲に四個小隊の楔型を配置する。中隊のカイル（楔型）隊形の戦車個々の間隔を一〇〇メートルにし、隊形の全体幅は七〇〇メートルで、奥行き四〇〇メートルの範囲に展開する。

④「ブライトカイル＝Breitkeil＝幅広楔隊形」は最も多い攻撃隊形で、中央の二両の指揮車両を小隊のドッペルライエ（二重縦隊）で囲む。その、前方左右に二個小隊のカイル（楔型）と、後方に一個小隊のカイル（楔型）を配置する。この隊形での全幅は七〇〇メートルで奥行きは四〇〇メートルで展開する。

（別図戦車の隊形参照）

重戦車小隊が基本戦闘単位を構成し、例外的に中戦車中隊か擲弾兵を付与される場合がある。これは、防御戦や渡河などを支援する特別任務のための補強だった。小隊は迅速に連続攻撃を実施し、分隊（Halb-zuege）の二両は互いに防御と支援をしつつ前進し、射撃時には短時間停止するが迅速に次の目標位置へと移動する。目標への移動と射撃位置の確保は地形を利用するが頻繁に位置を変更する。

戦車中隊指揮本部のティーガー二両のうち一両が指揮官車で、同時に三両のオートバイ伝令が置かれる。

移動の場合、指揮官は慎重に検討された行進経路を示されるが、重戦車の幅、全長、重量ゆえに綿密な偵察が必要で、徹底的な偵察を行なわねばならない。経路上の橋梁、浅瀬、小河川の詳細情報を入手し、正確な地図と空中写真による判定と、工兵による適切な偵察を実施する。

長距離行進のティーガー部隊は、技術的理由により他の戦車部隊と一緒に扱うことはできない。昼間行進の平均時速は一〇キロ〜一五キロで、大隊行進時は中戦車中隊が原則的に先導するが、橋梁を通過する場合は重量の関係で軽い戦車を先に渡橋させ、後からティーガーを通過させる。おおむね、四号戦車が越える短橋は全て使用することができる。また、未知の地形の橋梁や小河川はティーガーの前進にとって常に危険であり、空中偵察写真は連続する急カーブ、狭い道、村落、傾斜地、小河川などの確認に用いる。

夜間行進は平均時速七〜一〇キロで進み、暗夜は戦車の前方の左右隅に乗員が座り、走行中の履帯の情況に注意を払い、異常時は操縦手へ警告を発するのが有効である。重戦車は機械保守のために一時停止を必要とするが、行進中は多数の運行停止所を設ける。出発時は五キロ先、以降は一〇〜一五キロごとに停止が行なわれる。原則的に舗装道路を避けて走行するが、これは戦車の履帯に負担がかかるとともに、ダブル転輪の内側に高い圧力を受けるからである。

戦闘に勝利するために事前偵察を実施し、燃料や弾薬を早期備蓄することが重要な前提条件となる。また、可能な限り修理と分解点検によって、長期戦闘で低下した戦力を回復せねばならない。

### ○戦闘準備

重戦車の履帯の「ガラガラ」という大きな響きは夜間に遠方まで聞こえ、前線の集結地では風向きにより、敵に奇襲の機会を与えるために十分注意を要する。もし、集結地が昼間であれば中隊は広く散開する。集結地から移動する時は逐次停止して燃料補給を頻繁に実施し、航続力維持のために常に燃料タンクを満たしておく。地上に残る広く深い履帯の跡は敵の航空偵察により、重戦車の存在を暴露するので、それらは注意深く秘匿せねばならない。また、行進間の重戦車は木や枝などで隠蔽（カモフラージュ）を必要とする。

### ○戦闘

攻撃時には重戦車中隊（あるいは重戦車大隊）を集中して使用するが、中隊の基本的な攻撃隊形は「ブライトカイル＝Breitkeil＝幅広楔型」を用い、射撃と移動を連続的に行ないつつ敵の隊形の中へ侵入し、迅速な突撃で抵抗線を突破して装甲目標（装甲戦闘車両）を沈黙させる。そして、敵の防御兵器（戦車・火砲）、抵抗拠点（陣地）、重兵器（重火砲）を撃破するが、とくに、全ての対戦車兵器を破壊することが重要である。また、中隊指揮官は味方隊形の側面防御に特別な注意を払う必要がある。

### ○対戦車戦闘

重戦車の最も重要な任務は対戦車戦闘であり、他の任務より優先してすぐに攻撃するのが最良の方法である。反復欺瞞行動により味方の位置を不明確にして敵を混乱させ、攻撃の意図や方法を悟られないようにする。

たとえば、次のような戦術を用いる。森林地帯の外縁や市街地端では敵の予想外の場所から攻撃し、敵戦車への反撃時は戦車前面を敵に向け、可能ならば近距離射撃で捕捉撃破する。周囲の状況を察知するために可能ならエンジンを停止すると効果的である。戦闘行動は太陽の位置、風、地形を効果的に利用する。もし、前線で敵戦車と不意に遭遇するならば、敵砲火を避けて急ぎ一旦避退したのち、敵の思わぬ位置から攻撃を実行する。

複雑な地形での攻撃は擲弾兵か歩兵の偵察部隊を用い、敵戦車の位置と攻撃時期を決定する。あるいは、相互に支援しつつ適切な射撃位置を確保し、撤退する敵戦車を追撃して迅速に撃破する。

### ○重戦車大隊の戦術

ティーガーは強装甲と機動力を組み合わせた戦車戦における強力な兵器であるが、あらゆる基本準備がティーガー大隊の戦闘行動を成功させる重要な要素である。ティーガーを集中攻撃で用いれば決戦兵器となるが分散すれば打撃力は減少する。

### ○国防軍ティーガー大隊

重戦車大隊は重戦車大隊本部、重戦車中隊本部、三個重戦車中隊（九個重戦車小隊）、通信小隊、偵察小隊、偵察小隊、工兵小隊、対空砲小隊、戦車修理小隊が含まれる。

重戦車大隊は戦車師団に配備されて決定的な戦闘に投入され、敵重戦車との戦闘に適し二次的任務に用いるべきではない。敵の重戦車を破壊することは味方軽戦車が任務を達成するための重要な要件となる。また、ティーガーを突撃砲あるいは軽戦車の任務に充てることは禁止され、同様に偵察任務にも用いられない。

ここに述べた諸点はマニュアルの一部であるが、ティーガー戦車の稼働率を維持して戦場で威力を発揮するには、多くの支援（大隊の兵員数は約一〇〇〇名で中隊は二〇〇名）と周到な準備が必要だったことが理解できる。

## レニングラード戦線

欧州大戦三年目となる一九四二年後半の東部戦線は、ドイツ軍の攻勢が防御へと変わる時期だった。当初、陸軍はよく訓練された「ティーガー重戦車部隊」を育成し、一九四三年の夏季攻勢で投入しようとしたが、ヒトラーはドイツ軍が包囲したままのレニングラード戦線での使用を要求した。このため、はじめて一九四二年八月二九日に北方軍集団レニングラード戦線へ、五〇二重戦車大隊一中隊の一個小隊四両のティーガー戦車が送られた。

場所はラドガ湖南方の戦車に向かない地形で、警戒任務につくが敵弾を受けて損傷し、ティーガーの初陣は不成功に終わった。同中隊の残りの九両は生産遅延により一九四二年一一月一〇日前後に派遣され、一九四三年一月〜二月にラドガ湖南方の沼沢地と湿地帯の多い三つの戦区で歩兵を支援するために戦った。

戦果もあった。一九四三年二月一七日前後のレニングラード戦末期の戦闘で、ソビエト戦車三一両を撃破している。以降、五〇二重戦車大隊一中隊は一九両のティーガーをもって戦うが、開豁地ではティーガーが戦場を支配し、一六〇両以上のソビエト戦車を撃破している。

生産数が次第に増加するとティーガー戦車は独立重戦車大隊として運用され、陸軍総司令部の直接指揮下に置かれていた。やがて、戦車師団の編成に組み込むことが計画されたものの、実際には幾つかの武装親衛隊（ＳＳ）戦車師団で実現しただけであった。ティーガー戦車は大戦後半のドイツの戦況に合わせて防衛戦闘に用いられたが、強装甲と強火力は連合軍機甲部隊にとって難敵となった。

## チュニジア戦線

次にティーガー戦車が現れたのは北アフリカのチュジアの戦場だった。一九四二年秋に北アフリカ戦線は英軍攻勢により急展開を見せ、ドイツ・アフリカ機甲軍はエルアラメインから駆逐されてチュニジアに大敗走をした。このために、一九四二年一一月二三日に輸送船アスプロマンテ号で最初のティーガー三両がビゼルタへ送られた。以降、一九四三年五月一三日までの半年間に三一両のティーガーがチュニジア戦線で活動した。

五〇一重戦車大隊一、二中隊は、一九四二年一一月から一九四三年一月までの間に、

北アフリカ・チュニジア戦に投入された501重戦車大隊1中隊「142」号車でのちに第10戦車師団7戦車連隊7中隊「742」号車となる。1943年４月の撮影。

ティーガー二〇両（支援用の三号戦車七五両）をもって英米軍と戦い、さらに、一九四三年三月から五月のチュニジア戦までの間に五〇四重戦車大隊一中隊が、ティーガー一一両（三号戦車一一両）をもって戦闘に参加した。

当初、戦闘団の指揮官はフォン・ノルデ大尉だったが、負傷によってヴェルメーレン少尉が代理指揮をとり、一九四三年一一月二二日にリューダー少佐が大隊長として「リューダー戦闘団」を組織して戦った。その後、両大隊の重戦車中隊はザイデンシュテッカー少佐が指揮をとった。

一九四三年五月一三日に英米軍の包囲を受けて、チュニジアのドイツ・イタリア軍は降伏したが、二個ティーガー大隊の二個中隊は、チュニジアの戦場でそれぞれ一五〇両以上の連合軍戦車を撃破したと記録されている。

チュニジアはティーガーには向かない山地戦であったが威力は衰えなかった。一九四三年二月一四日、「フリューリアリンゲン＝春風」作戦が行なわれ、アトラス山脈中のシジ・ボウ・ジドへの攻撃がティーガー部隊に命じられた。五〇一重戦車大隊の一一両のティーガー部隊は東方から、第一〇戦車師団は北方から、そして、第二一戦車師団は南から攻撃した。この戦いで米第一機甲連隊第三機甲大隊は、五〇両装備していたM４シャーマン戦車のうち実に四四両を失う惨状を呈するが、うち、一五両がティーガー部隊の戦果だった。

翌、二月一五日に五〇一重戦車大隊は一四両のティーガーをもって、米第1機甲連隊第二機甲大隊へ激しい反撃戦を行ない、シャーマン戦車五一両中四六両（M３リー戦車一両を含む）を撃破したが、ティーガー部隊は二月一四日から二二日までの間に一両も破壊されなかった！

一九四三年三月一〇日から五月四日までのチュニジアは最終戦の混乱期にあったが、ティーガー戦車の作戦可能数は一定数を常に維持していたのは重要なことである。可動数は次のとおりだった。三月一〇日六両、三月一五日七両、三月一九日九両、三月二四日九両、三月三〇日八両、四月四日一七両、四月五日一三両、四月一三日六両、四月一五日八両、四月一八日一〇両、五月一日四両、五月三日四両、五月四日一両。

チュニジア戦末期の一九四三年四月二五日に行なわれた、ザイデンステッカー少佐のベルリンの総司令部への報告では、五〇一と五〇四の両重戦車大隊は、四三年四月二〇日～二四日までの激しい戦闘において、七五両の英米軍戦車を破壊したとしているが、最終的に一九四三年五月一三日に両重戦車大隊の残余の部隊は連合軍に降伏した。

## 東部戦線一九四三年

一九四三年一月にスターリングラード（現ボルゴグラード）攻略戦は、ドイツ第六軍の壊滅によって幕を閉じた。この時点で東部戦線に送られたのは五〇三重戦車大隊と五〇二重戦車大隊第二中隊だった。

同じ一九四三年一月八日に南方戦域のロストフ戦線でも、五〇二重戦車大隊二中隊の九両のティーガーが最初の戦闘に加わった。また、同年一月一五日に五〇三重戦車大隊もプロレタルスカヤで第一七戦車師団三九戦車連隊とともに、ロストフ付近でソビエト軍の大きな圧力を受ける、ドン軍集団第一と第四戦車軍を支援して、わずか一六両のティーガーが一八両のソビエト戦車を撃破して軍事圧力を軽減した。

五〇三重戦車大隊は一九四三年二月一二日に、ロストフ北端の駅へ攻撃をかけてきた強力なソビエト軍を撃破する命令を与えられた。このとき「ザンダー戦闘団」に所属したザベル少尉がティーガー戦車の激しい戦闘と強靱性の例を報告している。

ザベル少尉車は五・七センチと四・七センチ対戦車砲弾二二七発の至近弾と命中弾一四発受けた。また、七・六センチ砲弾の命中弾は一一発にのぼり、右履帯は甚大な損傷を蒙って大型転輪と懸架装置に穴があき、継ぎ手、配管も破壊されて燃料漏れを起こしたが機動性を失わず、満身創痍ながら強靱な生存性により六〇キロ余も走り続けた。とくにティーガーの強装甲は敵の攻撃に対して、高い耐弾性があることを証明する戦闘となった。

五〇三重戦車大隊の対T34戦車戦闘に関する別の報告では、八・八センチ砲の対戦車砲弾の最適射撃距離は一二〇〇～二〇〇〇メートルで、初弾あるいは第二弾をもって敵戦車の撃破が可能であり、視界がよければ距離三〇〇〇メートルでも破壊できると述べている。また、T34戦車に対する弾薬消費量のもっとも少ない最適射撃距離は一五〇〇メートルであるが、反対に同条件でティーガーはT34戦車の七・六センチ砲弾に耐えられる。

ある戦闘の例では、距離二五〇〇～三〇〇〇メートルで一八発の砲撃によりT34戦車五両を撃破し、敵砲兵への砲撃は距離五〇〇〇メートルで行なわれた結果、第三弾の直撃弾によって完全に撃破した。

一九四三年二月にSS第一戦車擲弾兵師団LSSAH、SS第二戦車擲弾兵師団ダスライヒ、SS第三戦車擲弾兵師団トーテンコプフ（どくろ）の三個師団と、国防軍の精鋭部隊だったグロス・ドイッチュラント（大ドイツ）装甲擲弾兵師団が東部戦線に送られ、同年七月のハリコフ周辺の攻防

砲塔基部に「300」と砲塔側面前方に「馬上の騎士」を描いた505重戦車大隊3中隊本部車両。

戦に投入された。
　一九四三年七月になると、ロシア戦線中央でソビエト軍の突出部を構成するクルスクを挟撃する、ドイツ軍のチタデル作戦（城砦）が発令された。チタデル戦で両軍は一五〇〇両以上の装甲戦闘車両を繰り出して、史上最大の戦車戦をロシアの大地に繰り広げたが、この戦に参加した一四七両のティーガー部隊は次のとおりである。
○五〇三重戦車大隊（ティーガー三一両と三号戦車一五両）
○五〇五重戦車大隊（ティーガー四五両）
○五〇二重戦車大隊第一中隊（ティーガー一四両と三号戦車四両）
○装甲擲弾兵師団グロス・ドイッチュラント・戦車連隊第一三中隊（ティーガー一五両）
○SS第一戦車連隊第一三中隊（ティーガー一三両）
○SS第二戦車連隊重戦車中隊（ティーガー一四両）
○SS第三戦車連隊第九中隊（ティーガー一五両）
　チタデル戦はヒトラーの戦勢逆転の意気込みにもかかわらず、強固なソビエト軍の防御陣を抜くことができず、作戦が失敗に終わるのは戦史に詳しいが、いかに威力のある戦車でも広大な東部戦線にわずか数百両では、砂地にばら撒かれた小石に過ぎなかったのである。

## シシリー島とイタリア防衛戦

　北アフリカのチュニジア戦用に輸送中だった五〇四重戦車大隊二中隊はシシリー島に残り、一九四三年四月〜六月にバーダーボーンの五〇〇補充戦車大隊から補充を受けて、第二一五戦車大隊へ配備された。全部で一七両のティーガーがシシリー島上陸戦に備えて集められたが、その内訳は五〇四重戦車大隊の九両、五〇一重戦車大隊の二両のほかに二一五戦車大隊重戦車小隊の六両である。
　一九四三年七月一日に二一五戦車大隊の一七両のティーガーは、空軍野戦部隊のヘルマン・ゲーリング戦車師団（HG）に移管されて戦力が一体化された。連合軍のシシリー島上陸作戦（ハスキー作戦）は一九四三年七月一〇日に行なわれ、ティーガー部隊はヘンリッチ戦車擲弾兵連隊に配備されて作戦に参加した。シシリー島の地形はティーガー戦車には不向きな上に、戦車擲弾兵部隊がティーガーの行動に干渉して歩兵と切り離されてしまい、損傷車の修理や回収が不能となった。
　ティーガー部隊は連合軍上陸の最初の三日間で一〇両を失い、残った七両のうち三両は七月二〇日に損傷により乗員が爆破した。残ったティーガーの乗員はゲルビニ飛行基地で歩兵として防衛戦に投入され、撤退戦で後衛として残った四両が使用されたが、これらも最終的に爆破され、最後のティーガー一両だけが狭いメッシナ海峡をフェリーに乗せられてイタリア本土へ輸送された。
　ティーガー部隊のゴールドシュミット中尉は報告書の中でこう述べている。「歩兵の適切な支援があれば多くのティーガーは回収され、修理によって戦力を回復したであろう。しかしながら、空軍のヘルマン・ゲーリング戦車師団の整備中隊はそうした能力を有していなかった」。
　かくて、シシリー島は連合軍に占領され、一九四三年九月三日〜九日の間に英米軍はイタリア本土へ上陸した。イタリア戦線初期にはSS戦車軍団ライプシュタンダルテの重戦車中隊と、SS第一戦車擲弾兵師団ライプシュタンダルテの一と二重戦車中隊の二七両がイタリアで戦っていたが、同年一〇月中旬にロシア戦線へと移動していった。

また、マイヤー・ティーガー戦闘団（一九四四年二月からはシュヴェバッハ・ティーガー戦闘団）の八両のティーガーのほかに、

大戦末期の1944年秋にイタリアが連合軍と休戦したために首都ローマへ進撃する504重戦車大隊3中隊のティーガー1Eと乗員たち。

一九四四年二月に五〇八重戦車大隊（一九四五年二月にティーガー2Bに装備変更するため、一五両の残存ティーガーを五〇四重戦車大隊に引き渡してドイツに引き上げる）の四五両と、同年六月に五〇四重戦車大隊の四五両もイタリアの戦闘に参加した。

これらの五〇八、五〇四重戦車大隊はのちに合計五一両のティーガーの補充を受けて、「逐次撤退」を繰り返しつつ大戦末期まで抵抗を続けた。イタリアは山地が多く巨大なティーガー戦車の機動に向かず、機動力のあるM4シャーマン戦車多数に囲まれて近距離射撃により個別に破壊されていった。

ティーガーがイタリア戦線で纏まって投入されたケースは少ないが、一九四四年一月二二日に頑強なドイツ軍の背後を絶つ目的で、連合軍の「シングル作戦＝アンチオ上陸」が行なわれた。連合軍の内陸部への進出を阻止するために「アンチオ＝ネットゥノ」間の防衛線へ、五〇八重戦車大隊の四五両のティーガーと、一一両のフェルディナンド駆逐戦車、七六両のパンター戦車、五七両の突撃戦車、三〇両の突撃砲などが投入されたために、連合軍は内陸部へ進撃することができなかった。

## ノルマンディ上陸戦以降の西方戦線

一九四四年六月六日、巨大な連合軍がノルマンディ海岸に上陸して、防衛するドイツ軍との間に激しい戦いがはじまった。一九四五年までに西方戦線方面に投入されたティーガー戦車部隊は1E、2Bを合わせて三六九両あまりであるが、各重戦車大隊の装備数はおおむね以下のとおりだった。

○一九四四年六月・戦車教導師団一三〇戦車連隊一中隊の三一両のティーガー1Eと五両のティーガー2B

○一九四四年六月・SS一〇一重戦車大隊の四五両のティーガー1E

（一九四四年九月にSS五〇一重戦車大隊と改称。一九四四年一二月に四五両のティーガー2Bを装備する）

○一九四四年七月・SS一〇二重戦車大隊の四五両のティーガー1E

○一九四四年七月・SS五〇三重戦車大隊の三三両のティーガー1Eと一二両のティーガー2B

○一九四四年八月・SS一〇一重戦車大

一九四四年夏、ノルマンディ戦後半に投入された五〇三重戦車大隊のティーガー2Bで五〇両のみ搭載されたポルシェ砲塔タイプである。

隊一中隊の一四両のティーガー1E

○一九四四年八月・五〇三重戦車大隊一中隊の一四両のティーガー2B

○一九四四年一〇月・五〇六重戦車大隊の四五両のティーガー2B

○一九四四年一二月・三〇一（無線操縦）戦車大隊三一両のティーガー1Eと六六両のB4無線操縦爆薬運搬車を装備

○一九四五年三月・五〇七重戦車大隊の二一両のティーガー2B

○一九四五年三月・五一〇重戦車大隊三中隊の八両のティーガー2B

○一九四五年三月・五一一重戦車大隊三中隊の八両のティーガー2B

国防軍の虎の子部隊だった戦車教導師団重戦車中隊のティーガーが、西方戦線で最初に英米連合軍と砲火を交えたのは一九四四年六月のノルマンディ戦線だが、機械的信頼性からティーガー2Bは本国に送られて戦闘に加わっていない。

次に戦場に加わったのは、SS第一戦車軍団SS一〇一（のちSS五〇一）ティーガー重戦車大隊二中隊で、一九四四年六月一二日のカーン攻防戦のヴィレル・ボカージュにおけるヴィットマンSS中尉（冒頭記事参照）による戦いである。

SS一〇一、SS一〇二、五〇三重戦車大隊は一九四四年七月に、ファレーズの孤立地帯で壊滅して僅かなティーガーが逃れただけだった。このとき、英軍が戦場に残された二八両のティーガーの損壊原因を調べたところ、七〇%の二〇両が乗員により破壊され二二%の六両は放棄されたものと判明した。

ノルマンディ戦のあと、一九四四年九月に英米空挺部隊がオランダの河川橋梁群を押さえて、ドイツ本国へ迅速に進撃しようとする「マーケット・ガーデン作戦」が行なわれたが、英米空挺部隊は多くの損害を出して失敗する。このころ、西方戦線に在ったのはフンメル重戦車中隊の一四両（のち、五〇六重戦車大隊四中隊となる）のティーガー1Eと、四五両のティーガー2Bを有する五〇六重戦車大隊の二つだった。

一九四四年秋から冬にかけてドイツ軍は連合軍の攻勢で本国へ圧迫されていたが、同年一二月一六日にヒトラーは電撃戦の再現を夢見て、「ラインの守り作戦＝Wacht Am Rhein（連合軍はバルジの戦い）」を発令した。ドイツ軍はアルデンヌの森から進発して、ベルギーのアントワープ（アンベルス）港まで一八〇キロを突進して、連合軍戦線を分断する戦略により、悪化する戦況を立て直そうと冬期の悪天候を利用して作戦が開始された。

この作戦に参加したティーガー1Eと2Bは一二三両で、作戦可動数は六四%の七九両だった。五〇六重戦車大隊はティーガー1B八両とティーガー2B三五両、三〇一（無線操縦）戦車大隊、SS五〇一重戦車大隊（旧SS一〇一）は四五両のティーガー2Bと「ヤークト・ティーガー＝駆逐戦車」を装備した。

SS第一戦車連隊一大隊から編成された、ティーガー2Bとパンター戦車を含む「パイパー戦闘団（ヨッヘン・パイパーSS中佐）」の急進などもあった。しかし、決定的な燃料の枯渇により多くの戦車が放棄され、ヒトラー最後のアルデンヌ攻勢は失敗し、SS五〇一重戦車大隊は一九四五年一月に、一層、逼迫する東部戦線ハンガリーへと送られていった。

一九四五年三月以降は連合軍がライン川を渡河してドイツ本土の防衛戦となり、四五年三月末に国防軍西方指揮本部（Ob. West）の五〇七重戦車大隊へ二一両のティーガー2Bが供給されたほか、五一〇重戦車大隊三中隊と五一一重戦車大隊三中隊の両方へ一四両のティーガー2Bが配備され、ヘンシェル社のあるカッセル市の防衛に投じられた。

## 東部戦線一九四三年—一九四五年

一九四三年夏のチタデル（クルスク）戦以降弱体化したドイツ戦車部隊は、全面的な防御と撤退戦に追い込まれた。このころ、東部戦線へ補強されたティーガー重戦車大隊は次のとおりだった。

一九四三年七月・五〇五重戦車大隊三中隊の一四両のティーガー1E。

一九四三年七月・五〇二重戦車大隊の三一両のティーガー1E。

一九四三年八月・戦車連隊「グロス・ドイッチュラント」三大隊の三一両のティーガー1E。

一九四三年九月・五〇六重戦車大隊の四五両のティーガー1E。

一九四三年一一月・SS一〇一重戦車大隊一と二中隊の二七両のティーガー1E。

一九四三年一二月・SS五〇一重戦車大隊の四五両のティーガー1E。

一九四三年～四四年の国防軍ティーガー重戦車大隊の平均的な可動数は各一〇両程度で、二～三個の戦闘団に一個重戦車大隊が配備され、歩兵部隊の隙間を埋める任務につき、浸透するソビエト軍を排除して主前線を保持する任務についた。換言すれば僅かな数のティーガー戦車を二個軍で使っていたということである。

一九四三年秋にドニエプル川を挟んで戦うというヒトラーの戦略は失敗し、ドイツ軍はスモレンスクを経て撤退するが、毎日一個大隊を失う激戦が続いた。ソビエト軍は一九四四年五月に大攻勢を開始して、モズイリ＝ビテブスク間からポーランドのワルシャワへと進撃した。この重大なときにティーガー部隊も逐次戦闘に投入されるが、その活躍も戦況回復にはほど遠かった。

しかし、ドイツ歩兵部隊の指揮官は一九四〇年のフランス電撃戦時に遭遇した、旧式な「シャールB重戦車」が、歩兵との共同作戦で使われたという戦術観念と同じく、ティーガーを用いたとも云われている。それでも東部戦線で消耗するティーガー部隊へは一九四四年～四五年にかけて三八三両が補充された。

五〇七重戦車大隊・一九四四年三月に四五両のティーガー1E。

五一〇重戦車大隊・一九四四年七月に四五両のティーガー1E。

五〇一重戦車大隊・一九四四年八月に四五両のティーガー2B。

五〇五重戦車大隊・一九四四年九月に四五両のティーガー2B。

五〇三重戦車大隊・一九四四年一〇月に四五両のティーガー2B。

五〇九重戦車大隊・一九四五年一月に四五両のティーガー2B。
SS五〇三重戦車大隊・一九四五年一月に三九両のティーガー2B。
SS五〇一重戦車大隊・一九四五年二月に三二両のティーガー2B。
SS五〇二重戦車大隊・一九四五年三月に三一両のティーガー2B。
第二九戦車連隊第1大隊3中隊・一九四五年三月に一一両のティーガー1E。

一九四四年になると東部戦線ではティーガー・キラーと呼ばれたスターリン戦車が現われた。

一九四四年九月にあるティーガー中隊長が、一二・二センチ砲を搭載した強敵ヨセフ・スターリン戦車との遭遇戦を次のように報告している。

「森林の中へソビエト軍が浸透してきたため、歩兵大隊とともに行動するティーガー中隊は攻撃を開始した。視界五〇メートルほどの森林内の、狭い小道をティーガー中隊が縦隊で進む。すぐに前方に対戦車砲を発見して砲撃を加えると砲員は逃げ出した。先頭を行く小隊が突然、繁みの間から巨大な砲が突出しているのを発見した。それは、森林に潜むティーガー・キラーのヨセフ・スターリン戦車だった。

先頭の小隊長車は「戦車砲弾装填！ 照準！ 発射！」と叫ぶ。同時にガツン、ガツンと鈍い音がして四・五センチ対戦車砲弾二発が小隊長車に命中する。後続の二両目のティーガーが森を回り込んで小隊長車を支援するが繁みのために視界が悪い。

小隊長車は三五メートルほどの距離から八・八センチ砲を発射するが、スターリン戦車も後方へと避退しながら一二・二センチ徹甲弾を発射する。砲弾は小隊長車の無線手の位置下方に命中した。しかし、幸い斜めに当たったために装甲を貫通せず、後続する二両のティーガーが八・八センチ砲弾三発を発射してスターリン戦車を破壊した。二両目のスターリン戦車が支援に入るが、敵の主砲の発射速度が遅いために別の二両のティーガーが短時間砲撃を集中して破壊した。

スターリン戦車は近距離では、ティーガー戦車との交戦を避けたがる傾向があるが、距離二〇〇〇メートル以上の場合は砲力優勢により積極的となる。戦術的に避退が迅速に行なえるように森林端や村落の外れなどを活用し、損傷したスターリン戦車はドイツ軍に渡さないようにと牽引するか破壊している。

ティーガーは戦場で遭遇するスターリン戦車を破壊することが可能だが、遠距離砲撃では敵の前面装甲を貫通できないので（別の報告書では距離五〇〇メートル以下で貫通可能としている）、側面あるいは後部を集中射撃によって破壊する。しかし、スタ

1944年の春近いロシアの大地。融雪で氾濫した小河川を僚車に牽引されて脱出するティーガー1Eで典型的な東部戦線の情景である。

ーリン戦車との交戦は小隊単位で実行し単車戦闘を避ける必要がある」。

東部戦線に強敵が現われはしたが、ティーガーの八・八センチ砲は依然として威力があり、T34戦車ならば距離三〇〇〇メートルでも撃破することが可能であり、他の連合軍戦車を距離二一〇〇～三五〇〇メートルで撃破できる優秀な戦車であった。しかし、戦況を変えるには登場時期が遅く、かつ戦場に比例してその投入量は少なかったのである。

(Text by Ron Murray, November, 2007
Translation by Atsushi HIROTA)

## ティーガー1＆2戦車生産数と供給状況

注・台数はH. Za（陸軍兵器廠）より部隊へ供給されたデータによる。

| | 1E型供給部隊名 | 台数 | 2B型供給部隊 | 台数 |
|---|---|---|---|---|
| 1942年生産数 | | 78 | | |
| 1942年配備数 | | 69 | | |
| 1942年4月 | 陸軍兵器局 | 1 | | |
| 1942年5月 | 陸軍兵器局 | 1 | | |
| 1942年8月 | 502重戦車大隊 | 9 | | |
| 1942年9月 | 501重戦車大隊 | 2 | | |
| 1942年10月 | 501重戦車大隊 | 8 | | |
| 1942年11月 | 501（10）<br>503（4） | 14 | | |
| 1942年12月<br>（注・LSSAH→SS第1戦車師団、ダスライヒ→第2 SS戦車師団、トーテンコプフ→SS第3戦車師団 | 501（1）<br>503（25）<br>LSSAH（5）<br>ダスライヒ（9）<br>トーテンコプフ（9） | 34 | | |
| 1943年生産数 | | 649 | | |
| 1943年配備数 | | 597 | | |
| 1943年1月<br>（注・GD→大ドイツ装甲擲弾兵師団） | 502（3）<br>GD師団（7）<br>LSSAH（4）<br>ダスライヒ（9）<br>トーテンコプフ（9） | 32 | | |
| 1943年2月 | 501（2）<br>502（4）<br>504（20）<br>GD師団（2）<br>陸軍兵器局（1） | 31 | | |
| 1943年3月 | 503（10）<br>505（18）<br>国防軍予備部隊（6） | 34 | | |
| 1943年4月 | 503（14）<br>504（6）<br>LSSAH（5）<br>ダスライヒ（5）<br>トーテンコプフ（5） | 35 | | |
| 1943年5月 | ダスライヒ（1）<br>トーテンコプフ（1）<br>502（38）<br>500予備部隊（8）<br>GD師団（6） | 54 | | |
| 1943年6月 | 505（25）<br>GD師団（31） | 56 | | |
| 1943年7月 | LSSAH（5）<br>SS重戦車大隊（27）<br>メイヤー戦闘団（8） | 40 | | |

| | | | | |
|---|---|---|---|---|
| 1943年8月 | 503（12）<br>GD師団（6）<br>506（45）<br>国防軍予備部隊（6）<br>509（6） | 75 | | |
| 1943年9月 | 509（39）<br>505（5）<br>トーテンコプフ（5）<br>ダスライヒ（5）<br>戦車教導連隊（10） | 64 | | |
| 1943年10月 | 509（2）<br>日本（1）→SS101<br>501（32）<br>SS101（10） | 45 | | |
| 1943年11月 | 501（13） | 13 | | |
| 1943年12月 | 508（19）<br>507（19）<br>502（22）<br>SS 101（8）<br>ダスライヒ（5）<br>503（45） | 118 | | |
| 1944年生産数 | | 623 | | |
| 1944年配備数 | | 719 | | |
| 1944年1月 | 508（26）<br>SS 103（6）<br>502（30）<br>506（22）<br>509（8）<br>LSSAH（5） | 92 | | |
| 1944年2月 | GD（16）<br>LSSAH（11）<br>503（23）<br>508（1）<br>507（26）<br>504（11） | 88 | 戦車教導師団（5） | 5 |
| 1944年3月 | 503（6）<br>507（6）<br>504（34）<br>508（5）<br>506（45） | 96 | 国防軍予備部隊（3） | 3 |
| 1944年4月 | GD師団（14）<br>507（12）<br>505（24）<br>SS101（26）<br>SS102（6）<br>508（6）<br>トーテンコプフ(10)<br>国防軍予備部隊（3） | 101 | | |
| 1944年5月 | 509（30）<br>GD師団（12）<br>SS 102（39）<br>SS 103（6）<br>国防軍予備部隊（1） | 88 | 国防軍予備部隊（4）<br>陸軍兵器局（6） | 10 |

| | | | | |
|---|---|---|---|---|
| 1944年6月 | 508（27）<br>503（33）<br>510（33）<br>501（6）<br>507（2）<br>SS予備部隊（1） | 102 | 503（12）<br>501（6）<br>500予備部隊（4） | 22 |
| 1944年7月 | 510（18）<br>ＳＳ103（4）<br>トーテンコプフ（5）<br>ハンガリー供与（3）<br>507（6）<br>506（6）<br>509（12）<br>GD師団（12）<br>504（12） | 78 | 国防軍予備部隊（1）<br>501（25）<br>505（6）<br>503（14）<br>SS 101（14） | 60 |
| 1944年8月 | 507（6）<br>SS 102（6）<br>SS予備部隊（2）<br>301（11） | 25 | 501（14）<br>505（39）<br>国防軍予備部隊（2）<br>506（17） | 72 |
| 1944年9月 | 301（10）<br>GD師団（6） | 16 | 506（28）<br>503（43）<br>509（11） | 82 |
| 1944年10月 | 301（10） | 10 | SS 501（14）<br>SS 503（4） | 18 |
| 1944年11月 | 507（11）<br>予備部隊（2）<br>SS予備部隊（2） | 15 | SS501（20）<br>506（6）<br>509（9） | 35 |
| 1944年12月 | GD師団（4）<br>SS予備部隊（3）<br>国防軍予備部隊（1） | 8 | 509（36）<br>506（6）<br>SS 502（6） | 48 |
| 1945年1月 | | | 502・3中隊（3）<br>510・3中隊（3）<br>SS 503（29）<br>SS 501（6） | 41 |
| 1945年2月 | クマースドルフ | 5 | SS502（27） | 27 |
| 1945年3月 | | | SS502（4）<br>SS507（15）<br>FHH（5）<br>506（13）<br>510／511（13） | 50 |
| 1945年－45年配備数 | | 5 | | 473 |
| 1944－45年ティーガー2B生産数 | | | | 489 |
| 合計 | | 1390 | | 473 |

注・ティーガー１Ｅの総生産数は1354両とされるが部隊への供給記録（再配備を含む）からすると総数が多くなっている。

# ティーガー重戦車大隊データ

第五〇一／四二四重戦車大隊
編成年月・　一九四二年五月
主作戦地区・一九四二年—四三年・北アフリカ・チュニジア戦線・第一、第二中隊
一九四四年—四五年・東部戦線
備考・第一、第二中隊は北アフリカ戦線のチュニジアで壊滅。一九四三年に再建され、同年末に第四二四重戦車大隊と改称して第二四戦車軍団に所属し、一九四五年に東部戦線の激戦で壊滅した。
戦術記号・三桁数字（本部、中隊、小隊）が標準で本部はⅠ、Ⅱ、Ⅲのアラビヤ数字を用いた。車両は１３１、１２４、１２１、１４２（以上ティーガー１Ｅ）などが確認できる。また、チュニジアの戦場における同大隊所属三号戦車の砲塔番号１３４のほか、のちのティーガー２Ｂでは３１４などの砲塔記号が見られる。なお、砲塔記号は赤色文字に白色の縁取りだった。
①は一九四四年後半、ポーランドにおける第五〇一重戦車大隊（ティーガー２Ｂ）で砲塔文字は黒色と白色の縁取り。右上図は同大隊本部中隊の「忍び寄る虎」のマーキング。

第五〇二／五一一重戦車大隊
編成年月・　一九四二年五月
主作戦地区・一九四二年—四五年・東部戦線（北方軍集団）
備考・実戦評価を兼ねて一九四二年秋に、四両のティーガー１Ｅがレニングラード包囲戦に参加するが、湿地と沼沢地のために威力を発揮できなかった。一九四四年に第五一一重戦車大隊と改称されるが、一九四五年に再び第五〇二重戦車大隊に戻った。一九四四年に装備をティーガー２Ｂに転換して同年末にクールラント戦で壊滅状態となるが再建される。戦術記号・三桁数字が標準で第一—三中隊は１００、２００、３００で各中隊本部車は００１、００２、００３。写真では２００、３１１、３１２、００２、１１７、３０７などが確認されている。砲塔記号は黒文字に白い縁取りあるいは赤文字に白い縁取りだった。
②は一九四三年の後半から一九四四年初期までの第五〇二重戦車大隊（ティーガー１Ｅ）。ツィンマーリット耐磁塗装を施した砲塔番号「１１７」は赤文字に白色の縁取り。上右図は同大隊の用いたマンモス・マーキング。
③は一九四四年一〇月、初期クールラント戦時の第五〇二重戦車大隊のティーガー１Ｅで砲塔の「３０８」は赤文字に白色縁取り。

第五〇三重戦車大隊（ＦＨＨ＝重戦車大隊フェルトヘルンハレ）
編成年月・　一九四二年五月
主作戦地区・一九四三年—四四年・西部戦線（連合軍のノルマンディ上陸戦）
一九四四年末・東部戦線へ送られる
一九四四年末—四五年・東欧ブダペストの戦闘に投入される
備考・一九四三年にチタデル＝城砦（クルスク戦）作戦に投入。ティーガー２Ｂに転換された最初の重戦車大隊で、のち、一九四四年末に重戦車大隊「フェルトヘルンハレ」となり激戦の中で壊滅する。なお、この部隊の要員は東部戦線のベーケ重戦車連隊の一部が用いられた。
戦術記号・三桁数字が標準で一—三中隊

の砲塔番号は１００、２００、３００。砲塔番号１３１、１２３、１２１（ティーガー１Ｅ）、１１４、３１２、３１３、３１４、３００、２００、２３４（ティーガー２Ｂ）が確認されている。砲塔番号は赤文字に白色縁取り、黒文字と白色縁取り、白色文字に黒色の縁取りがあった。大隊マーキングは「豹の頭」。

④は第五〇三重戦車大隊の初期型ティーガー。一九四三年一月―二月のロストフ戦時で砲塔の「１１１」は白文字に黒色縁取り。

⑤は一九四五年のハンガリーにおける第五〇三重戦車大隊（ティーガー２Ｂ）。砲塔の「三一四」は赤文字に白色縁取り。

第五〇四重戦車大隊

編成年月・　一九四三年二月

主作戦地区・一九四二年―四三年・北アフリカ・チュニジア戦線（一中隊）

一九四三年―四五年・二中隊はＨＧ戦車師団とともにイタリア戦線に投入された。

（注・ＨＧ＝空軍野戦部隊のヘルマン・ゲーリング戦車師団）

備考・一九四三年に中隊本部、整備中隊、第一中隊は北アフリカのチュニジア戦で壊滅。二中隊はＨＧ戦車師団に配属されてシシリー島防衛戦に投入された。この大隊はティーガー１Ｅのみ装備。

戦術記号・三桁数字が標準で一―三中隊の各指揮官車は１００、２００、３００。ティーガー１Ｅの１００、２００、３００、１０１、１０２、２２３、１１１などが確認されている。

⑥は「上揃え砲塔番号」の一桁目の数字が大きく描かれた。第五〇四重戦車大隊は三桁数字であるが、一九四四年以降は一桁目の中隊番号が大きくなった。砲塔の上揃いの「２００」の数字は白色に黒色の縁取り。上右図は「履帯と槍」が交差する同大隊のマーキング。

⑦は一九四三年八月にシシリー島からメッシナ海峡を、ジーベル・フェリーに乗せてイタリア本土へ送った第五〇四重戦車大隊第二中隊車。左車体左側前方に白色文字の中隊マーキング。

第五〇五重戦車大隊

編成年月・　一九四三年一月

主作戦地区・一九四三年―四五年・東部戦線

備考・一九四三年夏のチタデル戦（クルスク戦）に参加したのち一九四四年に、ティーガー２Ｂに転換される。

戦術記号・三桁数字が標準で一―三中隊本部車両は１００、２００、３００。大隊本部車両はⅠ、Ⅱ、Ⅲのアラビヤ数字を用い、写真で２１３、３００、「Ⅲ」などが確認できる。番号は白色に黒縁取り、あるいは黒色単色で八・八センチ砲基部の砲身覆いに描いた。

⑧は第五〇五重戦車大隊のティーガー１Ｅで一九四四年初春の東部戦線。砲塔右図は大隊マークの「馬上の騎士」。砲身基部の「３００」は単色の黒で後方の格納箱にも大きく同じ番号を描いた。

⑨上左図はティーガー２Ｂのツィンマーリット耐磁塗装を剥がして描いた「馬上の騎士」マーク。

⑩上左図はツィメリット耐磁塗装の上から描いた大隊マークで、一九四四年春の東部戦線。右側上部は中隊指揮車両の番号で、右下図は後部記号の例でアラビヤ数字は黒文字に白色の縁取り。

①

②
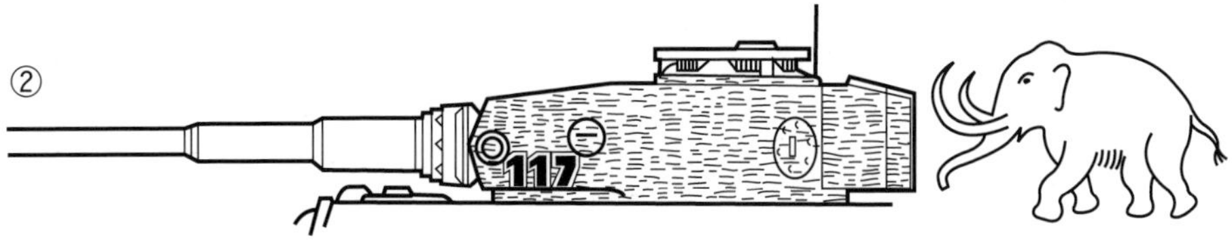


③

④
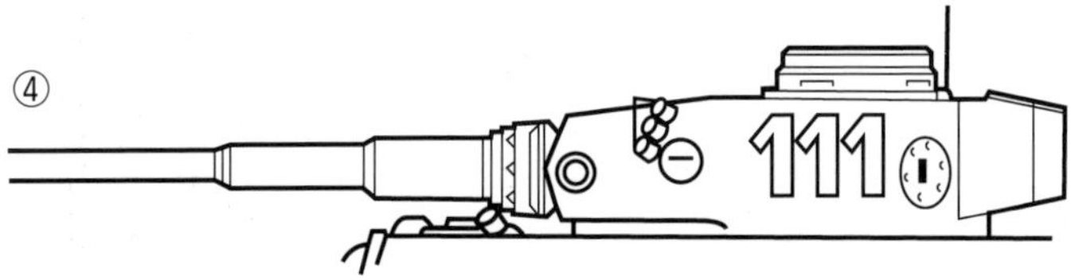


⑤
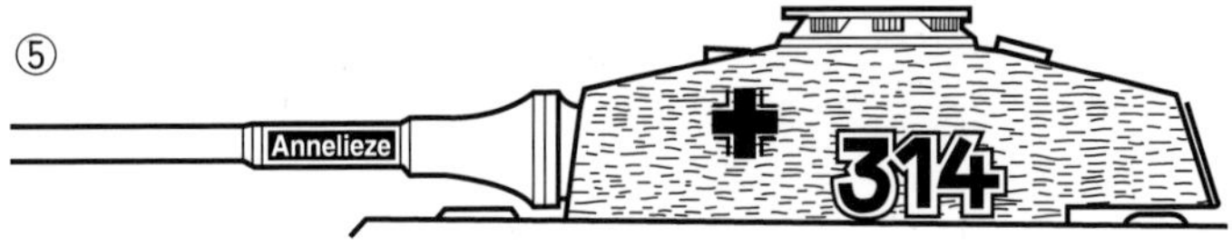


⑥

⑦

第五〇六重戦車大隊
編成年月・　一九四三年七月
主作戦地区・一九四三年―四四年・東部戦線
一九四四年―四五年・西部戦線
備考・一九四三年―四五年にフランスからオランダへ移り、一九四四年九月の英米軍のマーケット・ガーデン作戦（アルンヘム）阻止に投入されたのち、四四年末―四五年一月のルントシュテット攻勢（バルジ戦）、ドイツ本土ライン川攻防戦、ルール方面防衛戦と転戦する。重戦車中隊「フンメル」はこの大隊の第四中隊となった。装備戦車はバルジ戦以前の一九四四年中に一―三中隊は逐次ティーガー2Bに転換されていった。

戦術記号・詳細は不明。ある五〇六重戦車大隊の車両は砲塔に「7」という一桁数字を描いていた。また、米国のアバディーンにあるティーガー2B捕獲戦車はもと五〇六大隊所属で青い戦術番号だったとされる。

⑪は第五〇六重戦車大隊で「W」の文字に虎をあしらったマーキングを用いた車両例。

第五〇七重戦車大隊
編成年月・　一九四三年九月
主作戦地区・一九四三年―四五年・東部戦線
備考・装備はティーガー1Eのみ。
戦術記号・三桁数字が標準で中隊番号を大きく描いた。114、123などが確認できる。砲塔文字色は白単色。
⑫は第五〇七重戦車大隊で「下揃え」の砲塔番号は、白色単色のみの三桁数字で最初の大きな数字は中隊番号を示す。色は白色単色のみ。右上図は「剣を鍛える鍛冶屋」の大隊マーク。

第五〇八重戦車大隊
編成年月・　一九四三年八月
主作戦地区・一九四四年―四五年・イタリア戦線
備考・イタリア本土防衛屈指の山岳激戦地だったカッシノ戦、英米上陸軍を迎撃したアンチオ戦のほかに主要な戦闘に参加した。

戦術記号・基本は三桁数字だが三文字表示かは不明。第一、二、三の各中隊本部は100、200、300を用いた。資料では砲塔番号「200」が見られるが文字色は不明。
⑬は第五〇八重戦車大隊のバイソン（野牛）マーク。

第五〇九重戦車大隊
編成年月・　一九四三年九月
主作戦地区・一九四三年―四五年・東部戦線
備考・一九四三年一二月―四四年三月に南方軍集団所属の第三重戦車中隊として配備され、一九四四年にSS第二「ダスライヒ」に所属し、同年、一二両のティーガーをもってベーケ重戦車戦闘団に派遣された。一九四四年九月にティーガー2Bに転換された。
戦術記号・三桁数字で多くが草書体。
⑭は第五〇九重戦車大隊で一九四四年中旬の東部戦線。砲塔の「122」の数字は白色単色の草書体。

第五一〇重戦車大隊
編成年月・　一九四四年六月
主作戦地区・一九四四年―四五年・東部

⑧

（155ページの写真参照）

⑨

⑩

⑪

⑫

⑬

⑭

戦線

備考・一九四四年―四五年の東部方面クールラント戦線で包囲されて壊滅した。ティーガー1Eのみ装備と推定。

戦術記号・不明

第五一一重戦車大隊　五〇二重戦車大隊（一九四四年）を参照

第四二四重戦車大隊　五〇一重戦車大隊を参照

第五一二重戦車大隊

編成年月・　一九四四年春後半

主作戦地区・一九四四年―四五年・西部戦線

備考・駆逐戦車ヤークト・ティーガー大隊で一、二中隊のみが編成されたが、一九四五年四月にルール方面で包囲されて降伏した。

重戦車連隊ベーケ

編成年・　一九四四年

主作戦地区・一九四四年・東部戦線

備考・五〇三重戦車大隊から編成された臨時部隊で五〇九重戦車大隊の一二両も加わった。指揮官はベーケ大佐で編成は五号パンター戦車大隊、砲兵大隊、工兵大隊、山岳猟兵大隊だった。

重戦車中隊フンメル

編成年・　一九四四年

主作戦地区・一九四四年・西部戦線

備考・フンメル中隊の二両のティーガーは、一九四四年九月に英米軍のマーケット・ガーデン作戦防御のために急遽オランダのアルンエムへ送られ、SS（武装親衛隊）第一〇戦車師団フルンズベルグの傘下に入った。一九四四年一一月に第五〇六重戦車大隊の四中隊となりルントシュテット攻勢（バルジの戦い）に参加する。装備はティーガー1Eのみだった。

第一三重戦車中隊「GD」戦車連隊

（注・GD＝グロス・ドイッチュラント＝大ドイツ）

編成年月・　一九四三年二月

主作戦地区・一九四三年・東部戦線

備考・戦車擲弾兵師団「GD」一三中隊は一四両のティーガーをもって一九四三年夏のチタデル戦に参加。一九四三年秋にGD戦車連隊第三大隊第九中隊となる。

装甲擲弾兵師団「GD」戦車連隊「GD」第三戦車大隊

編成年月・　一九四三年五月

主作戦地区・一九四三年―四五年・東部戦線

備考・第一三重戦車中隊を核として編成され、チタデル作戦後の一九四三年八月に前線に到着し、第九から第一一までの三個重戦車中隊を保有。第一〇中隊の要員は五〇一重戦車大隊から、一一中隊は五〇四重戦車大隊から確保した。一九四四年一二月一三日に「GD」重戦車大隊となった。残余の部隊は一九四五年三月にバルト海沿岸へイリンゲンベイルで壊滅。

⑮はグロス・ドイッチュラント装甲擲弾兵師団のマーキング。第三大隊の砲塔番号はA（第九中隊）、B（第一〇中隊）、C（第一一中隊）のアルファベットに二桁数字を続けて描いた。

第一三（重）戦車中隊・SS第一戦車擲

⑮

⑯

⑰

⑱

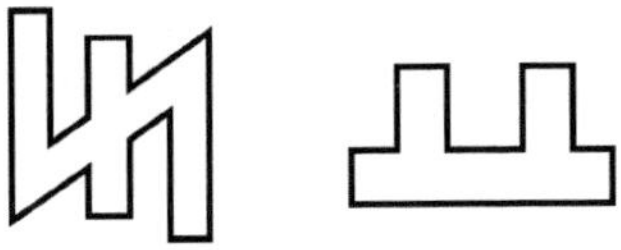

⑲

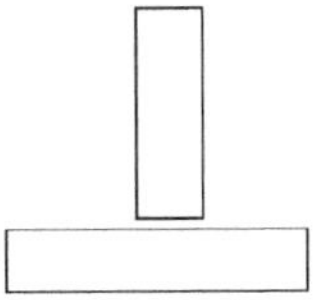

⑳

弾兵師団「LSSAH」SS第一戦車連隊
注・SS＝武装親衛隊・LSSAH＝ライプシュタンダルテ・アドルフ・ヒトラー（総統旗）
編成年月・　一九四二年夏
主作戦地区・一九四三年—四四年・東部戦線
備考・一九四三年一月〜三月のハリコフ戦を戦い、七月〜八月のチタデル戦に参加したのち一九四四年三月まで東部戦線に投入される。同年三月西方に撤退して軍団直属のSS一〇一ティーガー大隊二中隊（SS一〇一重戦車大隊）となる。
⑯はSS第一戦車連隊のマーキングで「鍵を盾型に囲む」図案が用いられた。

SS第一〇一／五〇一重戦車大隊
編成年月・　一九四四年三月
主作戦地区・一九四四年・西部戦線
一九四五年・東部戦線・ハンガリー
備考・SS第一戦車軍団指揮下のSS第一〇一重戦車大隊として、ティーガー1Eを装備し西部戦線のノルマンディ戦線に投入された。一九四四年九月にティーガー2Bに転換されてSS五〇一重戦車大隊と改称。一九四四年末にルントシュテット攻勢（バルジ戦）に加わったのち、一九四五年にハンガリーに送られた。
⑰はSS一〇一／五〇一重戦車大隊（一九四四年）のマーキング。

SS第八重戦車中隊・SS第二戦車擲弾兵師団「ダスライヒ」・SS第二戦車連隊「ダスライヒ＝帝国」
編成年月・　一九四二年一二月
主作戦地区・一九四三年—四四年・東部戦線
備考・一九四三年二月—三月ハリコフ戦、一九四三年七—八月のチタデル戦、ロシア各地で転戦後の一九四四年三月に、本国へ撤退してSS一〇二重戦車大隊の根幹となる。
⑱はSS第二戦車連隊「ヴォルフスアンゲル＝狼の罠」のマーキングで、その右側はチタデル戦（クルスク戦）時のみに用いられたもの。

SS第一〇二／五〇二重戦車大隊
編成年月・　一九四四年三月
主作戦地区・一九四四年・西部戦線

一九四四年―四五年東部戦線

備考・SS一〇二重戦車大隊は第二SS戦車軍団に所属してノルマンディ戦線に投入される。一九四四年九月に再編され、国防軍重戦車大隊の水準である四五両のティーガー1Eを装備してSS第五〇二重戦車大隊と改称。一九四四年一二月にティーガー2Bを受領して東部戦線オーデル戦域で壊滅状態になりつつ最終戦のベルリン攻防戦を戦った。

⑲はSS一〇二/五〇二重戦車大隊のマーキング。

SS第八重戦車中隊・SS第三戦車擲弾兵師団「トーテンコプフ=髑髏」第三戦車連隊

編成年月・　一九四二年末

主作戦地区・一九四四年―四五年・東部戦線

備考・一九四三年七月―八月チタデル作戦に参加したのち一九四四春に撤退するまで東部戦線に投入された。

⑳はSS第三戦車連隊の「どくろ」マークで幾つかの変種が使用された。

SS第一〇三/五〇三重戦車大隊

編成年月・　一九四四年春

主作戦地区・一九四四年―四五年・東部戦線

備考・東部戦線でSS第三戦車軍団に所属し、一九四四年一〇月まで装備はティーガー1Eだった。一九四四年一二月にティーガー2B四両を供給されてSS第五〇三重戦車大隊となる。一九四五年一月までに全てティーガー2Bに更新され同月に東部戦線へ移動してオーデル、ダンチッヒ、ベルリンなど最終戦を戦った。

# 諸 元 表

| | ティーガー１E型 | ティーガー２B型 |
|---|---|---|
| 製造会社・製造年 | ヘンシェル社・ウェグマン社<br>1942年７月—44年８月 | ヘンシェル社・ウェグマン社砲塔50基<br>1944年１月—45年３月 |
| 製造数・車体番号 | 1354両・No.250001-251357 | 489両No.280001-280489 |
| 乗員（名） | ５ | ５ |
| 重量（ｔ） | 57 | 68 |
| 全長（ｍ） | ８.45 | 10．3 |
| 全幅（ｍ） | ３．７ | ３.76 |
| 全高（ｍ） | ２.93 | ３.08 |
| エンジン | マイバッハ HL210P45<br>12気筒21.53リッター650馬力 | マイバッハ HL 230P30<br>12気筒23.095リッター700馬力 |
| 変速機 | 前進８速・後進４速（オルバー自動変速） | 同左 |
| 最高時速（km/h） | 38 | 35 |
| 航続距離（km） | 140 | 170 |
| 無線機 | FuG５／10ワット | 同左 |
| 主砲 | 8.8cmKwK36　L／56・１門 | 8.8cmKwK　L／71・１門 |
| 機関銃 | 7.92mm　MG34・２挺 | 7.92mm　MG34・２挺 |
| 砲塔旋回 | 油圧・手動併用 | 同左 |
| 主砲俯仰角度 | －９度～＋10度 | －7.4度～＋15度 |
| 照準具 | TZFK９b→TZF９c | TZFKb→TZF９d |
| 弾薬 | 徹甲弾92発・機銃弾4800発 | 72発（徹甲弾・榴弾）機銃弾5850発 |

| 装甲厚（mm） | 前部 | 側部 | 後部 | 上・下部 | 前部 | 側部 | 後部 | 上・下部 |
|---|---|---|---|---|---|---|---|---|
| 砲塔 | 100 | 80 | 80 | 25 | 180 | 80 | 80 | 40 |
| 車体上部 | 100 | 80 | | 25 | 150 | 80 | | 40 |
| 車体 | 100 | 60 | 80 | 25 | 100 | 80 | 80 | 40 |
| 砲防盾 | 100-110 | | | | 100 | （注・ヘンシェル砲塔タイプ） | | |

ティーガー戦車
戦場写真集

2008年4月8日　印刷
2008年4月14日　発行

著　者　広田厚司

発行者　高城直一

発行所　株式会社　光人社
〒102-0073
東京都千代田区九段北1-9-11
振替番号／00170-6-54693
電話番号／03(3265)1864(代)
http://www.kojinsha.co.jp

装　幀　天野昌樹
印刷所　株式会社堀内印刷所
製本所　東京美術紙工

　ISBN978-4-7698-1384-2 C0095

## 好評既刊

**ドイツ戦車 戦場写真集**
——【ビジュアル版】装甲師団の全貌
広田厚司　迫力フォト200枚で見るドイツ機甲王国の興亡！　激闘のドイツ国防軍装甲師団の全貌——無敵機甲部隊の誕生から終焉まで、戦場風景で描く決定版。生々しい戦場の緊張感を再現する。

**ドイツ空軍 戦場写真集**
——【ビジュアル版】ルフトヴァッフェの興亡
広田厚司　臨場感あふれる戦場写真300枚。戦場の緊迫感をリアルに再現！　輝かしい戦績を打ち立てた〝ルフトヴァッフェ〟の栄光と最期。生々しい戦場の息吹を伝えるフォト・ドキュメント。

**ドイツ列車砲&装甲列車 戦場写真集**
——超巨大列車砲の威力
広田厚司　巨砲を撃ち込め！　縦横に張りめぐらされた鉄道網を駆使して迅速に進出し、重要任務を遂行した列車砲と装甲列車の壮絶なる戦い。斬新、奇抜なアイデアのもとに誕生した兵器の全貌。

兵頭二十八　軍学塾
**日本の戦争Q&A**
——新視点の戦争入門
兵頭二十八　地政学と防衛の〝いろは〟を学ぶ。軍事を知らずして国を語るなかれ——徹底的に嚙み砕かれた戦争学基礎知識講座。防衛・憲法・海外派兵等々を考えるための〝お役立ちテキスト〟。

**勇者の海**
——空母瑞鶴の生涯
森　史朗　軍艦瑞鶴かく戦えり。大海戦の実相を壮大なスケールで描く渾身の一八〇〇枚。空母機動部隊の栄光。体験者たちの取材をかさね、幾多の証言と膨大な史料で構築された実録戦記の傑作。

海軍少将　**髙木惣吉正伝**
——本土決戦を阻止した一軍人の壮絶なる生涯
平瀬　努　貧窮に生まれ、独学で海軍兵学校にすすみ、独自の慧眼と毒舌をもって一時代を風靡し、敗戦時、日本最悪の事態を回避した帝国海軍の鬼才の生涯を髙木家資料の大部を提供されて執筆。